U0014246

一擊奏效的
社群行銷術

JAB,JAB,JAB,RIGHT HOOK

所有創業家都該追蹤的行銷大師 GARY VAYNERCHUK

蓋瑞・范納洽 著　李立心 譯

新商業周刊叢書 BW0538

一擊奏效的社群行銷術

一句話打動 1500 萬人，成功將流量轉成銷量

原　　書　　名／Jab, Jab, Jab, Right Hook: How to Tell Your Story in a Noisy Social World
作　　　　　者／蓋瑞‧范納洽（Gary Vaynerchuk）
譯　　　　　者／李立心
企 劃 選 書／鄭凱達
責 任 編 輯／鄭凱達
校　　　　對／吳淑芳
版　　　　權／黃淑敏
行 銷 業 務／莊英傑、周佑潔、張倚禎
總　　編　　輯／陳美靜
總　　經　　理／彭之琬
事業群總經理／黃淑貞
發　　行　　人／何飛鵬
法 律 顧 問／台英國際商務法律事務所　羅明通律師
出　　　　版／商周出版
　　　　　　　臺北市 104 民生東路二段 141 號 9 樓
　　　　　　　電話：(02) 2500-7008　傳真：(02) 2500-7759
　　　　　　　E-mail: bwp.service @ cite.com.tw
發　　　　行／英屬蓋曼群島商家庭傳媒股份有限公司　城邦分公司
　　　　　　　臺北市 104 民生東路二段 141 號 2 樓
　　　　　　　讀者服務專線：0800-020-299　24 小時傳真服務：(02) 2517-0999
　　　　　　　讀者服務信箱 E-mail: cs@cite.com.tw
　　　　　　　劃撥帳號：19833503　戶名：英屬蓋曼群島商家庭傳媒股份有限公司城邦分公司
訂 購 服 務／書虫股份有限公司客服專線：(02) 2500-7718；2500-7719
　　　　　　　服務時間：週一至週五上午 09:30-12:00；下午 13:30-17:00
　　　　　　　24 小時傳真專線：(02) 2500-1990；2500-1991
　　　　　　　劃撥帳號：19863813　戶名：書虫股份有限公司
　　　　　　　E-mail: service@readingclub.com.tw
香 港 發 行 所／城邦（香港）出版集團有限公司
　　　　　　　香港灣仔駱克道 193 號東超商業中心 1 樓
　　　　　　　E-mail: hkcite@biznetvigator.com
　　　　　　　電話：(852) 25086231　傳真：(852) 25789337
馬 新 發 行 所／城邦（馬新）出版集團
　　　　　　　Cite (M) Sdn. Bhd.
　　　　　　　41, Jalan Radin Anum, Bandar Baru Sri Petaling, 57000 Kuala Lumpur, Malaysia.
　　　　　　　電話：(603) 9057-8822　傳真：(603) 9057-6622 E-mail: cite@cite.com.my

封 面 設 計／三人制創
印　　　　刷／鴻霖印刷傳媒股份有限公司
總　　經　　銷／聯合發行股份有限公司 新北市 231 新店區寶橋路 235 巷 6 弄 6 號 2 樓
　　　　　　　電話：(02) 2917-8022　傳真：(02) 2911-0053

2014 年 7 月 10 日初版 1 刷
2021 年 8 月 6 日初版 6.3 刷

JAB, JAB, JAB, RIGHT HOOK: How to Tell Your Story in a Noisy Social World by Gary Vaynerchuk

Copyright © 2013 by Gary Vaynerchuk. Complex Chinese translation copyright © 2014 Business Weekly Publications, A Division of Cité Publishing Ltd. Published by arrangement with HarperCollins Publishers, USA, through Bardon-Chinese Media Agency 博達著作權代理公司
ALL RIGHTS RESERVED

定價 350 元　ISBN 978-986-272-611-2
版權所有‧翻印必究　Printed in Taiwan

城邦讀書花園
www.cite.com.tw

僅以此書獻給我的兩個孩子 —— 米夏（Misha）與山德（Xander），

你們給了我一記愛的右鉤拳，我才知道愛可以如此濃烈，

也獻給莉琪（Lizzie）　　孩子的媽、我一生的摯愛。

CONTENTS

電視、電子郵件、網路橫幅廣告等舊平台的影響力正逐漸減弱，你該開始好好學習怎麼善用社群網站達成商業目標，把更多時間、金錢跟力氣放在消費者真正在使用的平台，而不是死守著舊平台還幻想顧客會回來看你的廣告。

好的行銷故事會創造情境，引導消費者乖乖埋單。如果故事的行銷力不足，就只能把馬兒帶到水邊，無法讓馬兒喝水。在社群媒體上，要講一個能讓馬兒喝水的故事，就要入境隨俗，發表為平台量身訂做的內容。

許多公司不斷發文，希望自己看起來很真誠、親近大眾，但如果發文平庸又沒創意，只會凸顯自己的能力不足。為了發文而發文沒有意義，語調平淡的貼文多半會被自動忽略，唯有突出的貼文才能夠在一片嘈雜中，成功行銷。讓貼文脫穎而出的祕訣有六點，快來看！

Facebook 有什麼好談的？大家都知道這個平台、清楚它在做什麼，它是世界上最大的社群網絡，像電視一樣徹底改造文化。但即便行銷人員都自認了解 Facebook，事實上，他們顯然都沒抓到重點。

Twitter 是網路上的雞尾酒派對，是所有平台中參與度和社群管理威力最大的地方，認真傾聽的人就能創造龐大利益。

Pinterest 讓用戶能夠輕易地把在線上查到的資料和想法集中在虛擬佈告欄上。它擁有四千八百萬用戶，只比 Twitter 少 1%。女性占 68%，其中有一半是媽媽，因此，除非你賣的東西一百萬年內都沒有女性會替自己或別人買（這種東西少到不行），不然還沒開始用 Pinterest 的你就是個蠢蛋。

Instagram 也是以視覺效果為中心的社群網絡，它有一億個活躍用戶，而且每一秒就增加一名新用戶。

透過 Instagram，你可以用很低的成本接觸到非常多人。切記：消費者去哪裡，行銷人員就應該跟到哪裡。

致謝

要感謝的人太多了，Twitter 一次只能推 140 個字，推不完，所以我決定把他們放進書中第一頁來表達謝意。

首先，我要感謝我最愛的家人，他們像照明燈一般給予我協助、支持和鼓勵。

我還要感謝我的好夥伴——史蒂芬妮·蘭德（Stephanie Land），這是我們第三次一起合作出書了。老實說，沒有妳的幫忙，我絕對、絕對不可能完成這本書。謝謝妳，小史。

讓我大聲感謝我的好麻吉，同時也是本書執行長的納珊·施羅特（Nathan Scherotter）。小納是我多年的摯友和同事，這本書的內容走向設定和後續銷售都多虧了有他幫忙。我們倆情同手足——當然，在籃球場上對戰時例外。

我同時也要感謝所有協助我完成此計畫的范納媒體（VaynerMedia）同仁。凱莉·麥克卡西（Kelly McCarthy）、馬克思·克薩史提克（Marcus Krzastek）和伊坦·貝德納許（Etan Bednarsh），謝謝你們當我的好夥伴、好親人。我還要大聲感謝協助完成本書的工作團隊：費卡許·沙（Vikash Shah）、史帝夫·恩溫（Steve Unwin）、山姆·塔格特（Sam Taggart）、柯林·瑞利（Colin Reilly）、艾倫·輝邦霍（Alan Hui-Bon-Hoa）、哈利·沙特諾（Haley Schattner）、印第雅·凱瑟（India Kieser）、杰德·

格林沃德（Jed Greenwald）、傑夫‧沃羅（Jeff Worrall）、凱蒂‧凱特琳貝蒂（Katie Katherine Beattie）、尼克‧邦度（Nik Bando）、派翠克‧克拉普（Patrick Clapp）、麥可‧羅馬（Michael Roma），以及賽門‧義（Simon Yip）。還有暑期實習生安卓‧林佛特（Andrew Linfoot）、喬治‧巴敦（George Barton）和凱兒‧洛森（Kyle Rosen）的協助。

接著，特別感謝哈潑柯林斯出版社（HarperCollins）的每一位朋友，和編輯何莉絲‧辛波（Hollis Heimbouch）的團隊共事一向很愉快，且讓人獲益良多。

最重要的是，我要感謝我的粉絲，和過去四、五年來持續關注我討論時事動態的人。說什麼沒有你們就沒有我實在是老掉牙，但事實就是如此，如果你們不繼續買我的書或給一些回應，我就失去寫下去的動力了。這本書為你們而寫，獻給你們。

最後，我還是要一如往昔地感謝我摯愛的家人。感謝我的父母沙夏（Sasha）與塔瑪拉（Tamara）、祖母艾絲特（Esther）。感謝我的手足與他們的親友，包括：A.J. 與他超棒的女友艾利（Ali）、莉茲（Liz）與老公賈斯汀（Justin）和他們的兩個孩子——漢娜（Hannah）與麥克斯（Max），還有艾力克斯（Alex）與姍迪‧克萊恩（Sandy Klein）和他們的孩子——札克（Zach）與狄倫（Dylan），以及超棒的彼得與安‧克萊恩（Peter and Anne Klein）。你們就是我的全世界。

作者註記

寫這本書的時候，我持有 Facebook 的股票，2009 年買進 Twitter 股票。

我之前有微網誌 Tumblr 的股票，在 2013 年雅虎買下 Tumblr 的時候賣掉了。

我沒有 Snapchat 或 Pinterest 的股票，但我希望我有。

在舉例時，我盡可能避免批評任何范納媒體的客戶的競爭者。

INTRODUCTION

前言　拳擊賽前秤重

我生性樂觀且珍愛生命，但是如果看過我在美式足球球季時的 Twitter 推文，就會發現唯有一件事情能讓我心情沉到谷底：那就是看到紐約噴射機隊做出一些很蠢的舉動，例如他們的四分衛一頭撞進己方前鋒的屁股造成失球，還讓對方達陣得分。反正你也知道的，就是這類大家可能已經見怪不怪的蠢事。全世界的人大概都知道我很想把整支球隊買下來，也許當時老闆已經不是強森（Woody Johnson）了，而是跟他的接班人買，總之總有一天會買的。身為未來的老闆，他們每次失誤都讓我心痛如絞。然而即便我再愛美式足球，它依然不是我朝思暮想的對象。我除了和家人相處之外，其他時間幾乎都在做生意，換言之，做生意吃掉了我大部分的時間，這也意味著我就像其他生意人、行銷人，或企業家一樣，整天想著拳擊！

　　拳擊是一種節奏快速、競爭激烈，又需要積極進攻的運動，拿來比喻商場再適合不過。雖然近幾十年來拳擊受歡迎的程度已經大不如前，但和其他運動相比，我們還是比較習慣用拳擊術語做比喻。主管和行銷人員在研擬社群媒體策略大綱的時候，總是形容下一場讓人期待的超級行銷活動會是一記「擊倒拳」或「右鉤拳」，必定能把對手打個落花流水。他們講這些話的時候，眼神充滿光彩，不禁讓人想到麥克·泰森（Mike Tyson），當年年僅二十七歲的

他在六分鐘內擊倒崔佛·伯比克（Trevor Berbick）成為拳擊史上最年輕的重量級冠軍時，臉上大概就是這副神情。這些人都嗜血成性，就算是一些在我看來挺有耐性的公司，他們知道耐心累積關係是在社群媒體上成功行銷的關鍵，行銷人員還是很難壓抑猛烈出擊的衝動，就想一拳貫穿同業或顧客的防禦，把他們打到滿地找牙，或倒地不起。他們的心態其實不難理解，畢竟致勝的右鉤拳才是真正把流量變成銷量的關鍵，右鉤拳會替他們贏得坎城網路廣告獎（Cannes

Cyber Lions Awards），祭出右鉤拳後的結果，會反映在投資報酬率（ROI）上。然而，並不是每擊都會奏效。

仔細想想確實是這樣吧？過去幾年來，社群媒體上鮮見令人驚豔的行銷創舉，反倒是看到社團媒體行銷的人員成天在 Facebook、Twitter、照片分享社群 Instagram 和 Youtube 上，卯足全力使出一記又一記右鉤拳，結果卻是拳拳落空，銷售和市占率皆不見起色。倒不是說沒人看到貼文，鄉民看到了，只是不在乎。儘管貼文成功引起顧客注意，但企業對於品牌的介紹卻無法激起他們的消費欲望。

2011 年出書後，我原本以為下一本還要再等個三、四年。我的任務就是說服行銷人員，現今商業最高宗旨是讓客戶開心，而當時我覺得自己能說的都說完了。我不斷重申用刺拳戰術試探消費者的重要性，行銷上，刺拳戰術就是利用一次又一次的對話或互動，逐步建立品牌和消費者之間的堅實連結。奉行刺拳戰術的我，完全不想寫書解釋如何用廣告內容使出致命的右鉤拳，因為我猜想所有的生意人打從心底都想要拋棄與社群互動的刺拳戰術，直接使出致命攻擊。畢竟社群互動不但困難又耗費時間，而人的天性就是喜歡看到短期成效，能切捷徑就決不繞遠路。因此我很擔心一旦推出新書，提供一份藍圖指引大家如何在各大社群媒體打造完美行銷內容的話，很多人就會覺得自己可以不用再花那麼多時間和消費者互動。你一定覺得自己學會這招簡單好用，可以一拳擊倒對手的右鉤拳之後，就不再需要那麼多刺拳便可輕鬆取勝了，對吧？

你錯了，你錯了，你錯了，你錯了，你錯了，而且大錯特錯！

拳擊會被譽為「討喜的科學」（the sweet science）不是沒有原因的，批評者把他貶為無腦的野蠻運動，是因為外行人眼中只有暴力的外在，了解又尊重拳擊的人卻能體會其中戰略運用的奧妙之處。實際上，拳擊經常因為需要大量戰

略思考，而被拿來和西洋棋做比較。致勝關鍵是右鉤拳沒錯，但在使出右鉤拳之前，用來刺探對手的繞場動作和一連串經過妥善規劃的刺拳才是為你鋪設通往勝利之路的一磚一瓦。如果少了刺拳引導消費者——喔！我是說引導你的對手走到你想要他走的位置，再完美的右鉤拳也會被對方輕鬆閃過。反之，如果你先用針對性、策略性的刺拳試探和引誘對手，之後再祭出的完美右鉤拳就會幾乎百發百中。

我到 2012 年年底才想到要寫這本書，那時我在從西岸返家的飛機上，我疲倦得不得了，眼睛布滿血絲，腦袋重到不行，只能斜倚著牆，把額頭貼在窗戶上。我開始回想「美酒庫電視台」（Wine Library TV）的種種，那是我的線上紅酒影音部落格，它展開我的社群媒體行銷之路，更成就了今天的我。我一直覺得當初的成功，都要歸因於我積極且一心一意只想和我的粉絲和顧客們有所互動的原則，我快速回覆每一封電子郵件或部落格留言，並且竭盡所能地

表達出我的感激之情。飛機上的我才剛花上一整天分析某個潛在客戶的社群媒體行銷手法，他們的做法拙劣、方向錯誤，根本乏善可陳。雖然他們很努力想跟消費者達成互動，品牌知名度卻無法提升，也無法帶動銷售潮。我思索著要如何幫助他們，也不確定要不要打起精神回覆一些電子郵件，或是乾脆倒頭就睡的時候，忽然靈光乍現——關鍵在行銷內容。

美酒庫電視台剛開辦的時候，我選擇使用長片段的影音部落格方式，在 Youtube（2007 年後轉到 Viddler）上，放置每則大約二十分鐘的影片。然而，一般人不習慣在像 Youtube 這樣的平台上花很多時間，要他們連著看五分鐘的影片，就像叫他們乖乖坐著看完電影《阿拉伯的勞倫斯》（*Lawrence of*

美酒庫電視台只出到第一千集，謝謝每個希望我讓他復出的人，特別是網友 @StanTheWineMan。

Arabia）中，未剪接過的沙漠場景一樣困難。但是他們卻點開我的影片，在電腦前蹺著腳、優閒地看我品酒、聽我發表意見。為什麼他們願意這麼做？或許美酒庫電視台會這麼夯，不是因為我比別人更積極，也不是因為我巧妙地連結專業、幽默感和輕挑（且不論我迷人的獨特魅力）。高品質的內容絕對是一個因素，但是，如果我沒有為像 Youtube 這樣的新創平台設計專用的影片內容，我一樣不會成功。打光或後製做得好不是重點，重點是我創造了真實的內容，帶給觀者「真實感」。這樣想來，或許我也應該確定我的客戶和其他來向我詢問意見的人，都和我一樣知道行銷的重要性。

短線行銷手法用在社群媒體上是行不通的，但是商業界一直難以接受這個認知，因此我過去幾年來，大部分的時間都花在強調長線思考，教大家如何溝通才能和顧客建立真實且主動的關係。我上一本書《感恩經濟學》（The Thank You Economy），*標題其實可以簡

化成：**刺拳，刺拳，刺拳，刺拳，刺拳！**
全書分兩部分，前半提出強力的論證，讓你知道對顧客使出刺拳，利用令人驚豔又能打動人心的服務，以及社群媒體的力量抓住客戶的心，種種舉動都會反映在投資報酬率上。後半則是列舉各種善用刺拳的例子，解釋公司如何用刺拳戰術讓更多原先只是瀏覽社群媒體的人轉變為消費顧客。雖然你需要靠一連串精心規劃的刺拳才能讓你的右鉤拳結實地打在對手身上，但也別忘了拳擊賽不可能單靠刺拳獲勝，你最後還是需要那致命的一擊。坐在飛機上的我，忽然意識到自己一直太執著於教別人怎麼使出完美的刺拳，卻忘了提醒他們使出右鉤拳時的注意事項。

在《感恩經濟學》中，我沒有提太多從刺拳轉換為右鉤拳的時機，是因為它緊接著前一本書《衝了！玩出大生意》（Crush It!）出版。*在《衝了！玩

好書一本，不買嗎？

出大生意》中,我解釋了什麼是好的行銷內容,並且介紹幾個當時看起來詭異又無足輕重、現在卻至關重要的社群媒體。不過那已經是四年前的事情了,那時候 Pinterest 跟 Instagram 都還在發展中,大家只習慣用 Facebook 貼文而不是放照片,那時也還沒有 iPad 這種東西。但這四年來,社群媒體已大幅改變跟擴張,右鉤拳的技巧也要跟著做出調整。我原本不確定要不要再出書,但我必須要出,因為我在這幾年內學到的東西太有急迫性了,現在非說不可。我知道未來成功行銷的關鍵,以及可能多出的元素。就像以往一樣,會有很多人提出不同的見解,但我認為我是對的,而我喜歡這種感覺。

自從那次下飛機後,我跟范納媒體團隊又跟數以千計的客戶合作,其中包括新創公司、《財星》雜誌(*Fortune*)全球五百大公司、明星、眾多企業家還有小公司等,我們從中也學到許多利用

這本也要買!

社群媒體和數位市場成功行銷的新技巧,而這些全部收錄在現在這本書當中。這本書集結了《衝了!玩出大生意》和《感恩經濟學》的精華,配合時代演進調整,提出有效發展社群媒體行銷策略和創意的公式。我們仍然會討論互動的話題,因為我覺得很多人刺拳用不好都是因為互動不足。但這本書會把重點放在右鉤拳上,特別是如何在當今各種平台上,創造完美、適切的內容,讓你的品牌和你想傳達的訊息能夠在各地發酵。

不管你是誰,或是在哪一種公司或組織工作,你的第一要務都是把你的故事告訴消費者,讓他們不管在哪裡都能聽到,而且最好是在他們正猶豫要不要購買的當下讓他們聽到。我們有很長一段時間是透過電視、收音機和紙本宣傳品來完成這個任務,隨著時代演進,我們開始嘗試用游擊行銷(guerrilla marketing)、發電子郵件、做網路橫幅廣告(banner)。然而,這些舊平台的影響力正逐漸減弱,使用者愈來愈少,我們每天得花更多錢在這些平台上,卻

提升不了多少曝光度。雖然這些舊平台依然留有原來的用途，但現在的人就是不看電視、不聽廣播、不看紙本文字，甚至連查電子信箱都意興闌珊，就算有人還在用，使用頻率也大不如前，現在人們的注意力都轉到社群媒體上了。

你也許會覺得這些平台都還很新，禁不起時間考驗，對吧？你的感覺我懂，但你已經等得夠久了。現在這些平台的體質都調整好了，任督二脈也都打通，你也該開始好好學習怎麼善用社群媒體系統達成商業目標，把更多時間、金錢跟力氣放在消費者真正在使用的平台，而不是死守著舊平台還幻想顧客會回來看你的廣告。社群媒體讓我們有機會用一樣的經費創造最大效益。

你可以把這本書想成一場培訓，而你將從中學到如何在當前最重要的社群媒體上說故事。為了確保這本書能保值，書中挑選出來做分析的平台，至少都還能活個三、五年（對網路平台而言，能活到這麼久是很了不起的事情）。現

在人一天看四十次行動裝置，你創造出絕佳的說故事法，好在他們看行動裝置時產生共鳴。此外，我們還會舉一些知名或小有名氣的公司在社群媒體上說故事的方式為例，讓你知道什麼是好廣告、壞廣告和醜陋的廣告。我當初決定寫這本書時，對自己許下一個承諾：我要寫一本指南，引導大家遠離利用社群媒體行銷時常犯的錯誤，而且這本指南還要能成為大家一再翻閱的工具書。我希望我寫這本書的方式可以實現這項承諾。懂得拳擊原理的人，可以把在拳擊場上學習到的東西，應用到別的地方，社群媒體行銷也一樣，你只要學會原理，未來就可以應用到任何新行銷平台上。而這個原理本身，就是個很棒的故事。

我把這本書視為三部曲的最後一部曲，這三部曲不只包含社群媒體的演進，也含括我做為一個行銷人員和生意人的成長歷程。（我的下一本書大概會寫親子關係、沙士，甚至是我怎麼買下噴射機隊。）我們的世界，還有我們接

觸的媒體平台都在改變，而我們必須適
應這些變化。然而，成功行銷的祕方是
不變的：想要利用社群媒體建立過人的
品牌知名度以及傲人的營收，需要積
極、用心、真誠、維持互動、長期耕耘，
還有最重要的，要會用藝術性還有策略
性的方式來說故事。不管你從這本書中
學到什麼，永遠不要忘記這一點。

拜託了。

ROUND 1

準備工作

你的手機在哪裡？

　　在口袋裡？在你眼前的桌上？還是你正用它讀這本書？不論它在哪裡，它八成都在你能輕易拿到的地方，除非你手機老是亂放，被我一問才開始翻洗衣籃、探頭看車子座椅下方，到處尋找。

　　如果你現在在公共場合，不妨四處看看，欸！說真的，抬起你的頭來！你看到什麼？手機。有些人比較老派，還在用功能型手機講電話，但我猜方圓一公尺內，一定還有不少人是在「玩」手機，或是連續點擊放大圖片，又或者是在發動態、上 Twitter 推文。除非你是去護理之家探望年邁的沙莉阿姨，不然四周的人大多都有手機或是平板，其實即便在護理之家，你也會驚訝地發現 iPad 有多受九十多歲的爺爺、奶奶們歡迎。我會這麼說是因為光是在美國，就有將近三億兩千五百萬個行動電話訂戶。[1]

　　「行動裝置用戶，有一半的時間用在逛社群網站。」[2] 這段話應該要用播報重大新聞的口吻宣告。

　　那又怎麼樣？大家早就知道社群媒體無所不在，它們改變了人們的生活和溝通方式，改變了建立與結束關係的方法，也改變了聯繫家人和找工作的管道。美國人有 71% 是 Facebook 用戶、[3] Twitter 全球用戶已突破五億大關，愛上社群媒體再也不是幾個嘗鮮者和年輕人的專利——用戶背景多元，從教宗到一隻名為魯迪（Rudy）

的鸚鵡，還有各種美國小型公司。這群用戶中，將近一半的人每天至少登入一次，[4]而且這往往是他們早上起床後做的第一件事。[.]

每四個人中就有一個人表示，他們會透過社群媒體察看購物資訊，公司顯然非仰賴社群媒體不可。在戰後嬰兒潮中出生的人，掌握了美國七成的消費，[5]這群人的社群媒體使用率短短一年上升 42%。而負責家中購物和預算控制的媽媽們，[6]也是社群媒體的瘋狂愛好者。這些人有錢、有權決定要買什麼，他們正是銷售員的頭號獵物。現在他們不再需要打開桌電或筆電，就可以透過手機、平板瀏覽社群網站，因此他們花在瀏覽頁面的時間也愈來愈長，未來他們甚至可以用眼鏡或其他新工具上網，總之，不論他們在哪裡，社群網站都會跟到哪裡。

社群媒體像古柯鹼一樣，成癮性高，讓人飄飄欲仙。現在只要有行動裝置，人們就可以像打古柯鹼一樣，不斷吸收駁雜的資訊和影像，並且與人互動。此外，就像任何毒品一樣，你吸愈多就愈想要。（這是別人告訴我的，我可沒碰過毒品！）這就是為什麼我們應該注意，美國的手機族群有一半以上用行動裝置上社群網站，他們掛網的時間之多，使得他們期待品牌、企業和他們互動的方式，不因離線而改變。

我跟你打賭，這絕對是重要新聞。

社群如何融入數位世界？

以下數字改變了目前的基本行銷原則，過去五年來，行銷人員總是把行銷分成傳統、數位和社群三類。隨著網路

這還只是現在的數字而已，社群媒體問世也不過七年，再過五年，比例大概會提升到二分之一。

和數位媒體的出現，人們逐漸遠離電視廣告和紙本宣傳品，我們都很清楚傳統行銷手法已經失去影響力，但如果能成功結合這三種行銷管道，它們其實可以互補。然而，社群媒體不只是把大家的注意力從傳統媒體上移開而已，還逐漸侵蝕數位媒體。現代人對社群關係上癮，只要媒體上沒有社交元素，他們就會因為不習慣而選擇離開。

　　證據會說話，電子郵件、橫幅廣告、搜尋引擎最佳化（search engine optimization；譯註：搜尋引擎最佳化是隨搜尋引擎興起的行銷方式，行銷人員依據搜尋引擎的運作規則調整網站，以提高網站在搜尋引擎內的排名）等網路時代強大的數位行銷戰術，行銷力道都逐漸減弱，只有一項例外——和社群媒體結合的平台。只要在任何

* 社群媒體連垃圾都能賣！
——蓋瑞・范納洽 ● 9

連數位行銷的強度都被稀釋了

電子郵件
查看率

2002 = **37.3%**
DoubleClick by Google Q3 2002

↓

2009 = **26%**
Harte-Hanks. June 2011

↓

2011 = **17%**
Harte-Hanks. June 2011

橫幅廣告
點擊率

1990 年代中期 = **3.0%**
Thorson & Schumann. October 2004

↓

2000 年初期 = **0.5%**
Thorson & Schumann. October 2004

↓

2010 = **0.1%**
Google. 2010

Google 每次點擊付費關鍵字
廣告需求量

2011 到 2012
↓ **15%**（年度變化）
Google Inc., October 2012

平台上加入一點社交元素，就能立即提升那個平台的效果。

看到這個些數據，關注媒體演進歷史和趨勢的人，應該不意外，新行銷平台取代舊平台，是再自然不過的事。廣播搶走紙本媒體的觀眾，電視侵蝕廣播的大餅，網路則從所有舊平台吸走人潮，現在社群媒體（說穿了只是網路的變形），正全面攻占前述各個平台的領地。然而，真正讓人驚訝──甚至讓我驚訝──的是演進的速度。廣播花了三十八年吸收五千萬名用戶，電視則花了三十年才達到同等規模，但行動裝置上、最受歡迎的照片分享社群 Instagram 只花了一年半。[7]

人們有了行動裝置就能隨時連上社群媒體，因此，從行動裝置出現後，就再也沒有所謂百分之百的專注了。先前人們賴在沙發上，邊看歌唱選秀節目，邊用筆電上 Facebook，現在是連過馬路時都要在 Pinterest 上發文、一邊開車一邊上傳照片到 Instagram。廠商依然花大錢把自家產品送上超市中、面向走道的商架，企圖吸引目光，殊不知現在逛超市的人邊逛邊推文，根本沒在看商品，連收銀台前的糖果和雜誌也一併忽略。以個人安全的觀點來看，社群媒體造成大家走路不看路是一場災難，但是從行銷的角度，這意味著前浪要死在沙灘上了──這年頭迅速吸引人群注意力的是社群媒體，以前那種界限明確的行銷分類應該被淘汰，每一種行銷都要帶有社群色彩。

很多人還在為這件事情哀號或咬牙切齒，但孩子，這就是演進，你就認了吧！

《廣告時代》（*Ad Age*）你這專門教別人做廣告行銷的雜誌，等你終於發現這個重大趨勢，拜託感謝一下第一個點出這點的《一擊奏效的社群行銷術》。

然而大部分公司、行銷人員和企業家都沒有意識到這一點，才會執意多花冤枉錢，導致報酬率下滑。

　　但企業也不是完全沒費心思，雖然很多公司被硬拖進社群媒體，一路拉扯哭鬧，但現在公司大多已經認清設立粉絲專頁和 Twitter 帳號，對於品牌知名度與可信度有多重要。只是他們進入社群媒體後，就感到放心，心裡開始鬆懈而犯了一項大錯，忘了要緊緊跟著不斷演進的社群媒體平台。

　　現代人不管走到哪裡，都想和社會產生連結，行銷人員和公司領導人應該跟上潮流，在發想策略時，無時無刻不融入社群元素，即使是用傳統媒體行銷也一樣。不管是在 Tumblr 上留言、在橫幅廣告中加入遊戲效果、參與新聞聚合（news aggregator）、或在三十秒廣播後引導聽眾連到 Facebook，和客人互動時，都不要忘記社群元素。從現在開始，你應該把每一個平台都當作社交網絡平台。

　　此外，你的顧客們都已經轉為行動派，你最好也加入他們的行列。

　　快速檢視幾家公司的行銷內容，就能看出不少公司已經嗅到趨勢，知道行動網絡和應用程式（app）是品牌成長的絕佳機會。這些公司在各個行動社群媒體上大量傳播訊息，讓大眾在每個熱門社群網站上看見他們的身影，這些熱門網站包括 Facebook、Twitter、Instagram、Pinterest 和 Tumblr。他們大部分的貼文都長得像右頁圖。

　　除了 Twitter 外，你們分得出這些照片是從哪些社群媒體上擷取的嗎？雖然等到本書出版的時候，可能有部分平台已經改變外觀，造成差異，但至少在我寫這本書

的時候，你就承認吧！你們根本分不出來。

　　寫書的時候，我抱持著最高敬意，但我還是要說：行銷人員、小公司、名人們，我知道你們雖然很努力，但是除了少數人以外，你們放到社群媒體上的東西實在很爛。你們知道為什麼嗎？因為就算現在的消費者只有 10% 的時間花在行動上網（但這個比率正急遽上升），而你們卻只肯把 1% 的經費化在這上面。[6] 你們不能只把某個平台上的資訊拿來改一改，就丟到另一個平台上，還不能理解讀者為什麼覺得無聊。沒什麼好詫異的，把紙本廣告一成不變地搬到電視上絕對不是個好主意，也不會有人把橫幅廣告和廣播混為一談，而社群媒體就和這些傳統媒體一樣，每個行銷平台都有自己的語言，只是大部分的人根本懶得學。多數大公司不願意在這上面多花錢，小公司和名人則是不肯花時間，你們就像一群到挪威首都奧斯陸旅行的觀光客，連一個單字都不肯學，在這種情況下，你們怎麼會期待聽者注意你們說的話？

　　不論你是企業家、小公司或是《財星》五百大企業，要把行銷做好，就是要把你的故事講得天花亂墜，講到大家都想買你的東西，這個原則永遠不會變。變的是要怎麼說、什麼時候說、在哪裡說，甚至是由誰來說，在這個資訊爆炸的行動世界，這些變動更為劇烈。

本書會教你如何創造讓讀者願意分享、與他們相關、會創造價值的內容，確保顧客不管在哪裡都會豎起耳朵聽你的故事，聽完後還替你傳播出去，這些讓人口耳相傳的內容就是提高銷售量的關鍵。說到底，你如此努力的原因只有一個：在社群媒體上，連垃圾都能賣。

為什麼說故事就像打拳擊？

傳統行銷是只由一方攻擊的拳擊賽，公司在同樣的幾個平台上，包括廣播、電視、傳單、戶外廣告，以及相對現代的網際網路等，瘋狂使出致命右鉤拳，大家都在比快、比出招頻率。

「買二送一，只有今天！」重擊。
「快拿起你的鑰匙，馬上過來！」重擊。
「一輩子只有一次的機會，千萬不要錯過！」重擊。

這是場不公平的競賽，但消費者別無選擇，只得接受。然而社群媒體的出現翻轉了局勢，消費者總算得到一些決定權。這場拳擊賽轉移陣地到新平台，在這個平台上，消費者可以要求改變比賽方式，他們要求拉長比賽時間，要求品牌和公司多和他們進行幾次攻防、多在乎他們一點、讓他們有機會發表意見和擔憂，他們要品牌先變成他們想像中的樣子，再回頭給他們強勁的一擊，要他們買東西。爾後，行銷人員必須花更多時間用刺拳試探消費者，等時機成熟才能使出強力右鉤拳。

因此，雖然主管和行銷人員最想學好右鉤拳，我前兩本書的重點卻放在刺拳技巧。刺拳戰術就是為你的顧客設計輕鬆小品，讓他們大笑、竊笑、沉思、玩遊戲、

做白日夢、感覺受人尊重。相反地，右鉤拳則是以公司為中心設計的「行動呼籲」（call to action；譯註：商業網站往往有特定設計，試圖引導消費者採取某些行動，如購買產品、瀏覽特價商品，網頁設計者這樣的行為即稱為「行動呼籲」）內容，鼓吹顧客下單。做行銷就像在說故事，沒有故事，就沒有銷量，而故事需要鋪陳襯托經典名言與劇情高潮，才能打動人心。行銷也像拳擊，沒有準備，就無法在最後關頭重擊致勝。

社群媒體讓行銷人員得以直接與顧客互動，成功使出刺拳刺探，然而它也是公司實際接觸客戶、試圖提高銷量時的阻礙，公司即使在社群媒體問世初期就加入戰場，現在也因為社群媒體把流量轉成銷量的難度大幅提高十倍，投資報酬率不斷下滑。公司的刺拳技巧還有很大的進步空間，但他們除了要增進刺拳技術，還得讓右鉤拳更上層樓，考慮出拳時間和場合，學習尊重行銷平台，仔細鑽研讓行銷內容更有趣的小細節。

行銷內容的品質一直無法提升，關鍵在很多行銷人員和小公司依然不相信、不了解社群媒體。對我和其他透過社群媒體成功的公司而言，在社群媒體上的互動就像氧氣和陽光一樣自然，但還是有不少行銷人員對社群媒體感到懷疑，他們使用社群媒體純粹是因為知道品牌要受重視，非這麼做不可。表面上，他們都講得好像很高興有這個機會直接和客人互動，但私底下，他們懷疑、甚至極度希望 Facebook 和其他社群媒體平台不過就是一時的熱潮。他們會這樣是因為在社群媒體出現之前，事情實在簡單太多了！舉例而言，如果你是個老牌大公司，像美國第四大汽車保險公司——政府雇員保險公司（Geico）——一樣，行銷只要辦辦活動，看板做得愈大、愈寬愈好，然後就可以坐在一旁，等著看戲。同樣的圖案與構想，電視、傳單和戶外廣告一體適用，如果最後的結果不好，你就把問題賴在資料蒐集方式或其他意外

狀況的頭上。不管這次行銷成效如何，六個月後你都會弄一個新的從頭來過。如果你只是間小公司，就在信裡面夾上傳單、在全國電話簿上弄個可愛的小廣告，或是用地方廣播宣傳，等著客人上門。如果你夠有遠見，在 2005 年之前，你應該已經開始做一些搜尋引擎最佳化。哇！聽起來是不是超級棒？

　　但時代不同了，行銷模式跟著改變，現在已經沒有單一行銷活動可以撐六個月，三百六十五天，天天都行銷，你每天都得想新內容。你可以一口氣想幾個不同的行銷方式，以剛剛提到的政府雇員保險公司為例，你的行銷武器有可愛的吉祥物壁虎基科（gecko）、小豬麥克斯威爾（Maxwell the Pig）和你的超級代言人——籃球場上的鐵漢迪肯貝·穆湯波（Dikembe Mutombo），你可以把三項武器分散在不同的行銷平台，把效果最強勁的那一項做成電視廣告，同時出擊。你應該每天上網尋寶，找出所有和你的產品或服務相關的訊息，並加入討論，或是一聽到即時通知，就衝過去回覆 Twitter 上對你的抱怨。善用社群媒體很難，需要的時間和精力超過一般人的想像，此外，雖然分析技巧愈來愈精確嚴密，但要取得量化的數據分析，證明右鉤拳的效用依然需要等待時間，就算是一記近乎完美的行動呼籲右鉤拳、要大家選擇買機票或紅酒，也不例外。因此，雖然大部分的行銷和生意人都有使用社群媒體，很多人依然質疑這些社群平台的價值，很少人真心認為這些平台重要到值得全力投資腦力或金錢。他們的心態從幾個地方就能看出端倪：發文頻率低、發文品質差，即使某個新媒介愈來愈受歡迎，他們還是缺乏使用那個媒介的創造力。最糟的是，即便已經少發文、沒內容又缺乏創造力，他們還是不願意多花心思關切那些自己的業務周邊、逐漸成形的社群。

　　讓我們來看看一般行銷人員面對新平台的反應。他們收到信，信件附檔指出像 Snapchat 這樣的社群媒體正夯。他們連上 Snapchat 的網站，看到一群喝醉酒的

二十五歲小鬼上傳比基尼清涼照、附上文字說明「遛狗啦！」「大鯤魚……啊不就好棒棒！」不到幾分鐘就關掉網頁，覺得自己根本在浪費時間，從此再也不關注這個社群媒體。直到一年後，當所有人（包括他們的阿姨們）都開始用這個社群媒體，他們才回到這個平台大聲推銷：「看看我們做了什麼！超酷吧！看我們多跟得上時代啊！」好像最後加入很值得驕傲似地，丟臉死了，看了我就有氣。（不過另一方面，我還是忍不住開心一下，畢竟他們愈搞不清楚狀況，我、我的客戶和朋友們就愈有優勢。）

接著看看聰明的企業家或是開明的品牌管理者會怎麼做：他們會直接進入新平台，看著那些比基尼照開始思考，「我要怎麼做得更好？」他願意花上一整年鞏固自己在這個平台上的地位，確保他的品牌力在這裡比其他同業強。許多部落客和媒體隨著他們的腳步，分析策略、整理時間表，他們因而獲得各方報導，吸引年輕的頂尖人才，想想那群商學院畢業生，誰不想加入不斷進步的公司？你一定會想，既然有這麼多好處，每個品牌和小公司應該都會搶著要當第一個登上行銷平台的人吧！可惜他們往往因為太害怕失敗，選擇防守，不肯主動出擊，可能是法務部門擔心被告，或是他們覺得成功的機會太小，不值得耗費資源。

讓我與你分享我的邪惡心法：雖然我總是很早接觸新事物，而且通常可以預見未來趨勢，但我不是先知，不像諾查單瑪士（Nostradamus）預測第三次世界大戰，也不像電影《星際大戰》（Star Wars）中的絕地大師尤大（Yoda）一樣能預測未來，我只是給予新行銷平台應有的尊重。我沒辦法預測哪一個平台的用戶會在一年內突破兩千萬人，但只要我感覺他有機會達到這個水準，我就會投資錢和時間在上面試水溫、嘗試各種行銷手法，直到我學會說那個平台上的人想聽的故事。

我真不敢想像世上竟然有那麼多行銷人員，會對五百萬用戶以下的媒體置之不理，就因為你家的年輕女兒和她的朋友們為新平台瘋狂，不代表那個平台就屬於他們，和你或你的品牌無關。你或許認為在平台上分享對指甲油的看法、放上新的刺青照或在速食店打卡很沒意義，但是當這世界上有兩千萬人覺得那是有意義的，你就必須處理這些資訊。忽略那些大眾逐漸開始使用的平台，會讓大家覺得你動作慢、跟不上時代，所以千萬不要把你的原則放在市場實況之上，別當一個勢利眼的傢伙。

害怕新科技的人，無法在社群媒體上打漂亮的勝仗。有些人像我們一樣，從 2006 年就開始使用 Youtube，忍受一堆亂七八糟的影片，例如：一群蠢蛋把曼陀珠（Mentos）丟到可樂裡，看它冒泡，或是把家裡的貓打扮成一身拙樣的蠢貓。但是，就像父母知道懷裡的小寶貝，總有一天會從用手捏碎豆子的嬰兒，長成會用刀叉的成人，我們相信那時候的 Youtube 只是尚未成熟，還沒完全發揮潛能。其他人看到一個業餘的影音分享網站，我們看到的卻是未來的電視機，當時我不斷實驗、測試新的想法，我第一次使出的右鉤拳，是一個類似早期廣播節目的影音，試圖打造模因（meme；譯註：模因也被稱為文化基因，是透過文化傳播的某個想法、行為或風格）。我把 Youtube 視為主流平台，當今很多知名品牌當時都和我做一樣的決定，而且他們還不像我，在 2007 年從 Youtube 跳槽到 Viddler，白白放棄了數百萬的點閱率。（看吧！連我都有搞砸的時候。）當年我們做的也不多，不過就是認真看待 Youtube，我們像拳王一樣，在開打前密集測試和觀察，花很多心力去思考怎麼讓這個平台帶來效益。

拳擊手不只花很多時間分析自己，也花很多時間分析對手的技巧，就算是初次對戰，在上場前也已經十分熟悉彼此了。在正式對戰前的幾個月，拳擊手除了固定在健身房和練習場進行賽前訓練，他們還會花幾百個小時研究對方過去出賽的影片。

他們像瘋狂的行為學家，仔細觀察對手過去的每一步、每一拳，他們不斷倒帶、反覆觀看，想辦法記住對手的拳法，特別是讓他們不經意就透露下一步的小動作或習慣。例如：使出右鉤拳之前，會不會先眨眼睛？被直拳打中之後，是否會猶豫不前？累的時候，手的位置會不會變低？拳擊手帶著這些資訊上場，他們已針對對手的技巧設計一套策略，利用對方的弱點、避開對方的強項，這一套拳法就是讓他占上風的祕密武器。

　　行銷人員在接觸行銷平台時，要是像拳擊手準備拳法一樣努力，用心準備故事，他們的行銷內容會好得多。會說故事的人和拳擊好手一樣懂得觀察，並且了解自己。說故事高手很敏銳，懂得為聽眾設計故事，他知道什麼時候要慢下來，才能讓聽眾的緊張達到最高點，當他感覺觀眾逐漸失去興趣，就會馬上調整語調，甚至故事情節，把他們拉回來。線上行銷也需要這種敏銳度，社群媒體幫了大忙，它讓即時回饋變得可能，讓品牌和企業可以不斷測試和重測，用精確的科學分析，利用資料探勘（data mining）看出顧客對哪些內容感興趣。現在行銷人員動動手指就能了解觀眾的想法，忽略 Facebook（或其他平台的）粉絲專頁提供的深度分析，就像拳擊手還沒看過對手的出賽紀錄影片就直接上場一樣危險。

如何編織好故事？

　　好的行銷故事會創造情境，引導消費者乖乖埋單。手機公司希望大家註冊服務，迪士尼（Disney）試圖說服人們訂票、訂旅館，到樂園消費，非營利組織則鼓勵大家捐款。如果故事的行銷力不足，就只能把馬兒帶到水邊，無法讓馬兒喝水。在社群媒體上，要講一個能讓馬兒喝水的故事，就要入境隨俗，發表為平台量身訂做的內容（native content）。

客製化能增強故事的力道，會說故事的人了解平台帶給用戶的價值和它的吸引力，懂得模仿平台的美感、設計感和口吻，說客製化的故事。這樣的故事帶給讀者的價值，與平台上其他文章一模一樣。1990 年代十分盛行的電子郵件行銷就是一種客製化的內容形式，當時電子郵件已經走入人們的生活，提供消費者某種價值，用客製化的方式說故事就能帶來相同的價值，吸引消費者目光。在社群媒體上行銷，和當年利用電子郵件吸引客群的道理是一樣的──只要你的刺拳技術夠精湛，讓人心動下單，就能把流量變成銷量。

社群媒體平台沒辦法告訴你要講哪些故事，但它會讓你知道消費者想聽什麼故事、什麼時候想聽，以及哪些元素最能吸引他們埋單。例如，超市或速食餐廳透過廣播節目的數據，得知下午五點是透過廣播宣傳的好時機，因為那個時間正好是媽媽接小孩放學、決定晚餐要煮什麼（甚至思考自己有沒有力氣煮飯）的時候。社群媒體提供你一樣的資訊，透過數據，你可能會發現在 Facebook 上發文的最佳時機是一大早、大家還沒上班前，以及午餐時段。故事要發揮最大功效，必須沒有侵略性、帶給消費者價值，並且自然引導消費者下單。你愈了解社群媒體上的消費者，摸透他們的心理和習慣，就愈能在對的時間說對的故事。

只有你知道故事真正要傳達的訊息，此刻它或許是說「我們的烤肉醬會替你贏得廚藝大賽的金牌」，幾天後，你可能覺得另一個故事更重要，告訴消費者「我們的烤肉醬使用當地食材，純天然製成」。萬用廣告詞的確存在，但你最後要亮出的王牌故事，每天、甚至每個小時都不同。萬事達卡（MasterCard）怎麼知道什麼時候該打出「無價」的口號？運動用品之王耐吉（Nike）在大喊「做就對了」（Just do it!）之前，嘗試過多少故事？要編織完美的故事，你必須深入了解自家品牌的歷史以及所在產業的競爭史，你還得隨時關注世界趨勢，探尋消費者感興趣的話題，最

後這兩點愈來愈重要。

　　然而，客製化不代表你應該配合行銷平台改變定位，不管你說的是哪一則故事，一定要忠於品牌，無論如何都不能動搖品牌定位，只是在不同的行銷平台展現多種面向。我對華盛頓的客戶演講和站在月台上等車回家時的表現不同，晚上和朋友看球賽的行為又是另一個樣，但我還是我。你可以使出數記刺拳，每一記都是一個小故事，代表不同的面，你應該享受這樣的過程，大品牌最常犯的錯誤之一就是堅持在各平台上保持同個語調。堅持採用萬年模組的結果，就是錯失社群媒體創造的最大效益──企業永遠面對多個選擇。

　　創業家通常比《財星》五百大公司容易利用社群媒體帶來的新選擇，因為他們不會被綁手綁腳，這群企業家和新創公司可以較輕鬆地回應消費者的即時回饋。大公司像艦艇一樣，總是要花上很多時間才能調換方向，小公司反而可以很快做決定，他們沒有養一群律師仔細分析說出口的每一個字，讓他們得以保有一絲幽默感，在各平台上展現個性與人性。當小型新創公司長成美國前幾大企業，經常會變得過分小心，不願離開最安全卻狹窄的小路。

拳擊學

　　行銷人員常常問我怎麼繪製一幅固定的說故事藍圖，規劃要使出幾記刺拳，再揮終極右鉤拳，效果才會最大，但這種藍圖並不存在。在社群媒體上說故事和拳擊一樣，需要不斷試驗與長時間觀察。成功的線上行銷人員會格外仔細關注各種變數，例如整體大環境的改變和人口結構轉移、什麼時候回應會達到最高峰？使用俚語會帶來什麼效果？同一張圖搭配不同圖說會如何？在 Twitter 的推文上加一個新的主題

標籤（hashtag）會有不同結果嗎？加上圖片動畫會增加與群眾的連結嗎？只要學會如何測試並且準確解析數據，答案就呼之欲出。你能即時看到多少人在 Instagram 上送出愛心，多少粉絲在 Facebook 上分享或留言，哪些人、有多常在 Pinterest 上轉貼發文，多少人在 Tumblr 上轉文或留言。

不管公司大小，分配時間和經費分析這些數據都是個難題，卻又不得不做。只憑測試還不夠，知道這些結果代表的意義後，還得做出回應，才能找出未來如何在這個平台上說故事的方法。如此一來，你會得出一個說故事的公式，但這個公式只是個大架構而已，因為就像拳擊手一樣，你不能老是只用一套拳法。

好的拳擊手一旦知道對手的要害是肢幹，就會瞄準那個位置攻擊，但如果對手的要害不是肢幹，他就必須改變打法。同理，每個行銷平台都是獨特的，你不能把同個公式套在所有平台上。在 Facebook 上行得通的東西，搬到 Twitter 不一定管用。用一模一樣的方式在 Instagram 和 Pinterest 上發布照片，會得到不同的迴響。把 Tumblr 上的貼文原封不動地搬到 Google+ 上，就像一個不會講挪威語的觀光客，異想天開地覺得講冰島語也可以通。這個想法蠢爆了，沒錯，這兩種語言的起源類似，使用語言的人也都是又高又帥的金髮人士，但除此之外，他們沒有任何相同點。你如果期待他人在社群媒體上聽你說故事並且做出反應，你必須要用那個平台的語言與讀者溝通，特別注意發文方式，先了解各個平台之間細微的差異，再針對差異調

希望這句話可以增加我的書在冰島的銷售量，在冰島一炮而紅一直是我瘋狂的夢想。

整發文內容。針對行動裝置，在社群媒體上創造有效、讓人印象深刻的貼文，把粉絲變成客人是一種科學，是時候該參透拳擊學了！

現有的完美右鉤拳都包含三種特性：
一、行動呼籲的內容簡單明瞭。
二、為行動、數位裝置精心設計。
三、仔細觀察發文所在的社群媒體的小細節。

我會再多分享一些幫助你精進刺拳技巧的資訊，但我還想把你拉出舒適圈，把刺拳戰術應用到更多平台上。我常說要跟著消費者的目光走，但那是過去式了，現在這個時代，裝置和媒體的數量龐大，爭相角逐消費者的目光，每個消費者都要有十六隻眼睛才有辦法跟上它們。行銷人員的目標是在對的時間點出手，在消費者動了購物念頭時，把產品端到他們面前，要達成目標，你必須亦步亦趨地跟著消費者。消費者四處亂晃，要跟上並不容易，但還是做得到。跟上還不夠，真的遇上時，你還得用殺手級內容，奉上驚人的故事。

ROUND 2

內容與故事所扮演的角色

社群媒體掀起革命潮，大開文化王國的大門，握有鑰匙的人不再只有權貴人士或看門守衛，普羅大眾也取得了發言權。然而，人多嘴雜，一群人同時說話就夠恐怖了，遑論在網路世界裡，大家七嘴八舌地發表意見，透過辯論、說明、娛樂等方式，無所不用其極地推銷自己。面對這樣的景況，行銷人員為了增加被注意到的機會，往往拼命在社群媒體上發文，卻忘了社群媒體行銷方程式不只採計「量」，也採計「質」。

還記得厚重的黃色電話簿嗎？裡面滿是廣告，當今許多企業和名人的貼文了無新意，和那些廣告其實相去不遠。各大社群媒體上塞滿垃圾，特別是在某個媒體剛興起或即將消逝的時候，平台用戶老覺得自己非得分享一些垃圾資訊，例如：「珠珠嘉年華」（Mardi Gras beads）的最新消息。大品牌和小公司不斷發文，希望自己看起來很真誠、親近大眾，但如果發文平庸又沒創意，只會凸顯自己的能力不足。為了發文而發文沒有意義，語調平淡的貼文多半會被自動忽略，特別是叫大家快來買、純宣傳的那一種，只是徒占版面。唯有突出的貼文才能夠在一片嘈雜中，成功行銷。讓貼文脫穎而出的祕訣有六點：

1. 為平台量身訂做

各個平台的功能往往有所重疊，但仍各自發展出不同的語言、文化、氛圍和風格，造成很大的差異，例如：有些平台適合篇幅長的貼文，有些則適合精心設計的視覺貼文；有的可以放連結，有的則禁止。發文形式錯誤可能讓你在行銷上的努力功虧一簣，但看看本書個案，就會發現很多公司不懂這個顯而易見的道理，還沒弄

清楚適當的發文方式就開始狂發文，這些公司注定失敗。相對地，有些公司比一般人更深入了解各平台之間的細微差異，他們鶴立雞群，閃閃發亮。如果用人來比喻這兩種公司，前者是語言初學者，可以在餐廳點菜或是和大家分享自己的一天，後者則是精熟語言的人，能用這種語言說夢話、咒罵，或是編織情話。行銷人員如果能夠像後者一樣摸透平台，就能讓自己的公司被注意、受歡迎，這是不變的定律。

　　大家都忘了當初電視廣告花了多少時間才成功吸引消費者，又花了多久才爬到現在的地位，最初只有部分家庭有電視看，廣告內容就是一個穿著西裝的男人，坐在書桌前推銷，或是由旁白宣布，「您正在收看的是……」，行銷效果極差。直到電視普及、成為各個家庭熱愛的休閒活動，電視廣告才真正開始推升銷售量，但銷量開始急遽增加要歸功於幾個聰明的行銷人員，他們發現用「電視語言」和消費者對話的技巧，仿照既有的電視廣告設計出視覺效果十足、有故事性，兼具娛樂效果的新廣告，用簡短的畫面說故事，故事主角皆是激勵人心的角色。新電視廣告完全符合電視族群的期待，從此，電視廣告成為電視娛樂的一部分，人們在上班途中、打掃時，哼起廣告配樂。品牌開始引領文化潮流，而他們的產品──燕麥、地板蠟和冷凍食品則銷售一空。

　　行銷內容很重要，但行銷情境（context）才是王道。如果你想出很好的內容，卻不顧行銷平台的狀況，還是無法成功行銷。行銷人員通常會忽略情境，因為他們在社群媒體上的目的是要賣東西，卻忘了消費者不是為了購物才上社群網站的，確切目的因人而異，但每個人都是在追求某種價值，有人想放空，有人追求娛樂、資訊、新聞、名人八卦、友情或某種連結，也有人想嘗嘗受人歡迎的滋味，或是抓住機會炫耀。社群網站會加速多巴胺（dopamine）的流動並刺激人腦掌管快樂的部位，讓人感到開心，你的發文內容看起來、聽起來要和平台上既有的內容一樣，並提供

使用者他們在平台上尋求的價值和情緒，換言之，你的貼文要為平台量身訂做，才能像社群網站一樣，加速多巴胺的流動並刺激人腦的快樂中樞。

　　客製化的定義視平台而定。舉例而言，Tumblr 吸引藝術愛好者，支援 GIF 動畫（簡短、反覆放送的影片），設計公司如果在 Tumblr 的貼文寫上「歡迎來逛我們的網站，看看榮獲設計獎的辦公室家具。」那就是廢文一則。在 Pinterest 上發表品質差的照片，也是浪費。Twitter 用戶多半是住在城市內、說話很酸的鄉民（簡稱酸民），喜歡加主題標籤，加重語氣，面對這樣的觀眾，一則誠懇的動態像是「我愛我們的顧客！」聽起來就很可笑，八成會被忽略。這種突兀的動態比比皆是，顯示大部分的品牌都搞不清楚要如何針對平台恰當地發文。

　　你知道要先多次用刺拳試探，才能使出致勝右鉤拳，一舉把先前累積的流量轉成銷量，在社群媒體上成功行銷，但你很可能忽略一個不直觀的重點──最有效的刺拳往往是最輕柔的。輕柔的刺拳很「客製化」，完全融入平台，用故事觸動消費者的心。門外漢會覺得這種發文很普通，一點都不像在為右鉤拳打底，但它偏就是一記刺拳，因為人們的微笑、傻笑、輕笑，甚至是淚水，經過長期累積後的價值難以計量。

　　常有人把社群媒體上客製化的內容，與報章雜誌中的報導式廣告（advertorial）或電視購物相比。客製化的行銷內容，看起來和平台上其他內容沒有兩樣，但那只是表面。例如，一場不是脫口秀的脫口秀，最終目的其實是要推銷慢煮鍋，或是一則乍看像頭條新聞，其實是在介紹新關節痛藥物的廣告。

　　很多人看不起電視購物節目和報導式廣告，認為它們創造的效益很低。它們的

品質確實不高，但有時候，那正是它們的成功之處，打開電視購物節目，你就是忍不住想看美國阿基師──雷恩·波普爾（Ron Popeil）在廚房裡四處走動，一邊和來賓瞎扯，一邊從他的招牌烤肉架上，把烤雞拉出來。一般傳統的報導式廣告和電視購物習慣下重手，每一擊都是右鉤拳，它們用娛樂包裝資訊，但最終目標還是推銷。公司不管在電視或雜誌上打廣告，一定會確保廣告底部有一排超大的公司電話和網址，就算沒有那一串數字跟文字，消費者也鐵定會感覺到廣告中滿滿的推銷口吻。

客製化

Burberry 時裝店的 Instagram

burberry   2w
烏雲密布的林蔭路 # 倫敦
傍晚氣溫 15℃ ｜ 59 ℉

非客製化

Vans 帆布鞋的 Instagram

vans   20w
Vans 和重金屬樂團 Metallica 聯名推出的最後一款帆布鞋（共四款），由重金屬樂團吉他手柯克·哈米特（Kirk Hammett）設計。欲知詳情，請看 vans.com/metallica

客製化	非客製化

百威淡啤（Bud Light）的 Facebook

Bud Light
準備好囉…… — with Chelsea Nicole Johnson, Cory Ellis, Verna Sarracino Michelle Arnold, Johnathon Bell, Roberto Lopez Alamo, Heather Heaphy, Billie Williams, Deejaygeo Deejaygeo Cardoza, Ashley Shreve, Alex de Leon, Bobby Bryan, Jorge Galvan Ibarra, Brittany Jolicoeur, Sombat Kosonwadhana and Mary Ward.
Like · Comment · Share · June 9

Best Buy 的 Facebook

Best Buy
嘿！流行壞胚子的粉絲們，快來買他們的新專輯。來店憑券只要 7.99 美元，線上消費請輸入宣傳碼：POPEVILSAVE288Y
http://bit.ly/PopEvilOnyx

Like · Comment · Share · May 14

芝麻街美語（Sesame Street）的 Tumblr

這應該讀做啊姆啊姆
（譯註：節目中，餅乾怪獸吃餅乾時發出的聲音）

Posted on Tuesday, 28 May
Tagged as: **sesame street** **cookie monster** **gif** **it's pronounced om nom nom**

 Tweet Like 30

三福筆（Sharpie）的 Tumblr

BAUBLEBAR
+
Sharpie.
Neon knockouts

HIGH-RES

五種顏色，在黑暗中閃閃發光。而且每一個都附贈「免費」的三福霓虹螢光筆。名利雙收。

http://www.baublebar.com/sharpie.html/?Utm_source=sharpie&utm_medium=partnership&utm_campaign=neon

 Tweet 1 Like 0 +1 0 Pin it

🕐 6/5 ♥ 21

TAGS: Bauble 項鍊 Baublebar 三福 霓虹 免費 新 新顏色 在黑暗中閃亮 螢光墨水 螢光筆 三福螢光筆

然而，客製化的內容品質不該如此粗糙，不會大張旗鼓地推銷，它應該要很酷，就是酷。至於什麼樣的行銷內容才算酷？沒有標準答案，你看到就知道了。很酷的行銷內容，會觸動你的心靈，讓你想和人分享。它可能是一句引言、一張圖片、一個構想、一篇文章、一則漫畫、一首歌或是惡作劇，但不管用什麼形式出現，它與你這個分享者的關聯性，都和它與所屬品牌或企業之間的關聯性一樣高。很酷的行銷內容沒有創作公式，你必須真正了解客戶，知道什麼樣的內容會讓人感動、吸引他們的目光。

　　創造精巧的客製化內容跟賣東西沒有什麼關係，和說故事的關係卻很大。一雙擅長社群媒體行銷的巧手，能夠點石成金，把公司的客製化內容變得人性化。當然啦！金寶湯公司（Campbell Soup Company）的Facebook動態八成跟你媽的動態不同，但是他的貼文感覺還是像真人發的，內容就和你的朋友、熟人或專家的貼文一樣。高竿的客製化內容推翻過去常見的行銷手法，不會強硬推銷，也不會干擾消費者使用社群媒體的心情，它像一般動態一樣，引起讀者興趣，加深他們與社群的互動。

　　看看前兩頁共六張照片，你看到不同了嗎？想看更多例子的話，第三章到第七章的章末，都有附上個案評析。

2. 不干擾

　　奇寶麥片的小精靈（Keebler Elves）、Trix麥片的小白兔和搶著說自家優格有多好的優沛雷（Yoplait）小姐們，他們的目標都是娛樂大眾，讓你下次想吃麥片或點心的時候，想到那些好笑的廣告，忍不住想買他們代言的產品。萬寶路香菸（Marlboro）的廣告裡，男主角有著鋼鐵般的下巴，眼睛直望著遠方，他就是要說

服你，只要你和他抽一樣的菸，就可以散發濃厚的男人味、展現獨立特質。行銷人員設計內容的目的五十年不變，廣告和行銷都是要讓消費者有感，刺激他們做出行動，不同的是，現在的廣告要盡可能不影響消費者的媒體使用經驗。即便萬寶路的男人強壯而安靜，他依然是個侵入者，人們可能正在看 1960 到 1970 年代當紅的影集《牧野風雲》（Bonanza），那個男人卻突然出現打斷故事，開始賣香菸。接著登場的是松香萬能清潔液（Pine-Sol）、輝瑞藥廠（Pfizer）的痠痛外用藥 Bengay 或積富花生醬（Jif）。廣告拍得再好，廣告與電視節目之間依然有明顯分野。

然而，現在的行銷人員行銷時，不需要打斷消費者的娛樂生活，並且應該盡力避免干擾他們。現代人沒有耐性，看看 1990 年代末期，錄影技術進步、各種快轉方式一出現，人們逮到機會就一口氣跳過所有廣告，你就知道他們多不想被打擾。如果我們想與享受娛樂的人溝通，就必須**成為**他們生活的一部分，自然融入他們的娛樂生活、新聞、與朋友／家人的相處、設計、社交等，行銷人員應該努力複製大家在各平台上尋找的各種生活體驗。消費者今天可能沒心情購物，但你永遠不知道明天會如何，如果他們覺得被你了解，你又能代表他們的價值觀，當他們想要買東西的時候，就比較有可能選擇你，而不是和他們沒有情感連結的品牌。

3. 盡量不提出要求

廣告界掌門人李奧貝納（Leo Burnett）針對如何創造好的內容，提出以下建言：

讓它簡單。讓它好記。
讓它吸睛。讓它有趣。

我想再補充一點：為你的客戶或讀者而創，而不是為自己而做。

大方、搞笑、有意義、激勵人心，加入所有你想得到的、討喜的人格特質，這就是打好刺拳的關鍵。右鉤拳把人帶到店裡、提高你的銷量，帶給你價值。相反地，刺拳是為你的顧客創造價值。消費者認為什麼是有價值的？答案就在他們的手機裡，手機桌面上的東西，就是人們想知道的內容。整體而言，最熱門的三種應用程式是：

1. 社交類——代表人們對其他人有興趣。
2. 娛樂類——包括遊戲和音樂軟體，代表人們想逃離現實。
3. 功能類——包括地圖、記事本、管理員、體重管理系統，代表人們重視服務。

你大部分的行銷內容應該要屬於這三類。有時候，公司該用哪一類的刺拳非常明顯，化妝品公司可以輕易地講一則功能性故事：在 Faccbook 上發十五秒內的短片，教大家化妝，或是在 Pinterest 上發布資訊圖表，描述產品有趣的歷史事件和多年來女性如何使用這些產品。然而，化妝品公司要如何製造娛樂效果？如果他的目標族群是十八到二十五歲的少女，他可以放上十八到二十五歲的人喜歡的音樂，並解構女明星的舞台妝是怎麼化的，或許可以讚揚一下這些女星，再教觀眾怎麼在家裡 DIY，化出類似的淡妝。

此外，公司要有人味才能滿足客戶和人互動的欲望，它要能與人對話、找到和客戶共通的興趣、回應人們的話，不只談品牌，也談和品牌相關的主題，例如，聊聊一個從早上三點就被孩子吵醒的媽媽，要如何在上台發表重要演講之前，用化妝掩飾倦容；或是女孩從幾歲開始，適合形塑睫毛。就算公司主要產品是化妝品，還是可以談遊戲或食物，因為粉絲可能對這些話題很感興趣。刺拳幫你打好地基，為

你的準備提出的「廣告訴求」鋪路。

當你用為平台量身訂做的內容使出精準刺拳，讀者可能要想一下才會發現那是公司、而不是某個人發的文，而且只要內容夠好，就算他們發現是公司的動態，也不會生氣。他們反而會感激你發這則動態，因為在你使出刺拳戰術的時候，你沒有在販售產品，也不要求他們付出，而是為了和他們分享某個開心、搞笑、機智、戲劇性、知性或溫暖人心的時刻。你可以發一則以貓（或任何其他東西）為主題的動態，總之，不是推銷就好。

讀者比較喜歡分享高竿、客製化的故事，這些故事會增加他們購物時記起品牌的機會。就算你使出致勝右鉤拳、請求他們下單的時候，某個顧客正在理髮廳讓人吹頭，也很可能點開連結，立刻購買（感謝行動裝置研發人員的貢獻）。

用刺拳累積的感情連結，會在你準備好使出關鍵右鉤拳的時候發揮功效。還記得你小時候總是拉著媽媽，吵著要吃冰淇淋或是玩遊戲機嗎？十次有九次她會拒絕，但總是有那麼一次，她忽然點頭了。為什麼？因為在意外去吃冰或打遊戲機的前幾天或幾週，你和她互動時，帶給她某種她重視的東西，讓她想替你做點什麼。或許是額外的家事、好成績或和兄弟姊妹安然相處一天，總之，你讓她開心，甚至驕傲，你給她的東西多到你提出要求的時候，她忍不住答應。

在消費者瀏覽網站的時候，用超大的彈跳視窗廣告突襲，只會讓他們生厭，瘋狂找角落的小叉叉，想辦法把你趕走，不管問題是什麼，答案鐵定都是不要。如果他們知道如何把網頁各處不斷閃爍的橫幅廣告也屏除，一定毫不考慮地這麼做。沒有人喜歡被打擾，也沒有人喜歡被推銷，你的故事應該要感動人心，讓他們對你有

好感，這樣等你拜託他們買東西的時候，他們就會想起你給過他多少，覺得自己拒絕你好像太沒禮貌了。

　　刺拳，刺拳，刺拳，刺拳，刺拳……右鉤拳！

　　或是……

　　我給，我給，我給，我給，我給……請求！

　　懂了嗎？

4. 用流行文化創造槓桿

　　在電影《40惑不惑》（*This is 40*）中，有這麼一幕經典場景：爸媽對女兒說，他們要把家裡的無線網路關掉，這樣家庭關係才會更緊密，不再受到電子用品的干擾。爸媽建議把娛樂活動改成蓋碉堡、在森林裡奔跑或是在家門口擺攤賣檸檬汁，女兒們卻完全搞不懂爸媽的邏輯。

　　這不是笑話，每個世代都由流行文化定義，沒有流行文化，就沒有世代。拿走年輕人的電子產品，等於要了他的命、拿走所有他生活中重要的事物。從前，孩子和朋友約在飲料檯前碰頭，一起聽唱片；後來，孩子相約到賣場遊玩，聽錄音帶；再過幾個年頭，他們在便利商店的停車場嬉戲，一起聽 CD。現在，他們在手機上碰頭，同時聽下載的音樂、查看名人新聞、和朋友聊天、玩遊戲，所有事情都在手機和平板上完成。你的行銷內容必須跟上述所有活動搶注意力，就像大家常說的，「如果打不贏他們，就成為他們的一分子吧！」不只年輕人，所有人都用手機吸收文化，包括那些當年聽唱片、聽錄音帶和聽 CD 的人，你要善用這個優勢，讓粉絲們知道不論他們是誰，你都了解他們，你和他們喜歡一樣的音樂、持續追蹤新世代

的名人八卦。不要只是在行動裝置上放橫幅廣告，你應該設計內容告訴他們，他們在乎的議題跟新聞你都懂。要人們停下手邊的工作去看廣告的年代正在消逝，甚至更可能已經消逝了，這種行銷手段的成本太高，拉低報酬率，現在你應該把行銷內容與潮流融合，讓人們在吸收流行文化時，連帶吸收你的故事。

5 . 微 故 事

重新檢視你的社群媒體創意行銷時，不要再把內容想成「內容」，你應該轉換腦袋，把它當成「微故事」（micro-content）——小而獨特的資訊、幽默小品、評論或啟發。每天，甚至每小時，你在平台上都要不斷創作新的微故事，使用為平台量身訂做的語言和形式回應當今文化、對話或即時事件。

在廣告界有一則特別出名的微故事，它沾了 2013 年美式足球年度冠軍賽——超級盃（Super Bowl）——的光。那一年，超級盃主場、紐奧良「超級巨蛋」在第三局忽然停電半小時，數千名觀眾在一片黑暗中等待，爭冠的兩支隊伍——巴爾的摩烏鴉隊和舊金山四九人隊的隊員蹲坐著、保持身體彈性，想辦法專注在比賽上。此刻，Oreo 看到一絲機會，它在 Twitter 上推文，「停電啦？沒問題。」附上一張單一片 Oreo 餅乾在黑暗中的照片，旁邊的標語寫著「黑暗中還是可以沾牛奶」。一瞬間，所有在茫然中等待電力恢復、比賽重新開始的人們，都看到這則提醒大家任何時候都可以吃 Oreo 的趣味動態。這則動態沒有、也不需要拜託大家去買 Oreo，或任何行動呼籲的句子。幾分鐘內，這則動態就在 Twitter 和 Facebook 上得到數以萬計的轉推（retweet）和讚（like）。為什麼？因為沒有人看過這種動態。這則動態道出粉絲們當下的心情，不管是烏鴉隊或四九人隊的粉絲都會想分享，我們常看到有人在社群媒體上對時事做出回應，但一個大眾品牌和真人一樣輕鬆、自然地搭上主流

事件的順風車還是第一次。Oreo 很有遠見，才有辦法發這類動態，早在事件之前就成立社群媒體小組，針對電視上的即時事件做回應。這就是我所謂在社群媒體平台上的好投資，這則廣告如此成功的關鍵，不只是因為聰明又雅致，它還跟 Oreo 還有 Oreo 顧客的形象非常契合。Oreo 是個逗趣的餅乾，是你會想邊看橄欖球賽邊吃的餅乾。

Oreo 這則微故事和其他高竿的刺拳一樣，帶給消費者價值，才會如此受矚目。不要低估驚喜、笑容跟想吃巧克力和奶油的念頭，他們是很有價值的。動態發出後的幾天，不管在傳統或社群媒體上，全世界都流傳對 Oreo 的好評，至少每一個看到動態的人都能說，他們見證了新世代行銷的開端。

下一個回應即時新聞的品牌，會讓 Twitter 上國陷入瘋狂嗎？大概不會，這就是為什麼就算平台看起來不起眼，第一個進入市場還是有好處。身為一個行銷人員，你的工作不只是要賣更多產品（雖然那是要謹記在心的第一要務），還要確定你是市場裡的第一名，後者愈來愈重要，你要盡可能當最早到、微故事品質最好和用最有創意的方式回應世界即時動態的人。不管你用的是哪個平台，從 Twitter 到 Facebook，從 Instagram 到 Pinterest，這點都不會改變。

Oreo 在超級盃用的策略，證明了不管在哪個平台或面對哪些觀眾，要在社群媒體上成功行銷，只有一個公式：

微故事 + 社群管理 = 有效的社群媒體行銷

有些人不認為 Oreo 那則推文有什麼了不起，細想，它使用平台的方式，也不過

是那個平台應該被使用的方式而已，但就是很少公司做得到，所以只要成功就值得鼓勵。Oreo 做了很多前置作業才有辦法發這則動態，它要備有一個團隊看比賽，等待機會出擊。幾年前，Old Spice 也做過類似的事，它推出「聞起來像個男人」的行銷策略，讓男演員伊薩阿·穆斯塔法（Isaiah Mustafa）在網路上即時回應消費者的問題，但那一串問答其實是經過謹慎設計的行銷活動。在超級盃開打時，Oreo 有一支電視廣告（和既有 Instagram 專頁），但除此之外就只有一個計畫——隨時回應即時狀況。這很難，而他們做得很完美，把事情變得很簡單、即時，又不失關聯性。

企業只要不把社群媒體想成重要事件的陪襯品，就可以直接建立社群和品牌之間的聯繫。社群媒體本身就是重要事件，它替各方搭起橋梁，讓企業和客人對話。

行銷人員不需要每年都想一個一貫的社群媒體行銷策略，大家的策略都應該這麼單純：

每天、隨時對人用刺拳。

聊大家在聊的事。

當他們開始討論別的事情了，就跟著改變。

再做一次。

再做一次。

再做一次。

到 JJJRH.com/oreotalk 看免費的一小時影片，裡面有 Oreo 負責那次行銷的團隊現身說法，還有我在「2013 西南偏南」（SXSW）藝術節主持的討論。

使出刺拳的頻率依品牌而異，你不一定要和競爭對手相同。記得，重量也要重質——有些品牌可以只用幾次刺拳，有些卻得不斷出擊。像我現在就不用跟剛創業的時候一樣狂用刺拳，英國石油公司（BP）在 2010 年深水漏油事件發生之後，也不需要太常用刺拳。在 iPhone 新上市、引起全球瘋狂的時候，蘋果大概是一拳都不用揮。故事講得好就能建立品牌資產，而品牌資產多的公司不像新創公司一樣，需要吸引大家注意自己的品牌跟成果、讓人看到自己的價值。然而，就算你不需要常用刺拳，也不能完全不用，更不能不注意那些特別的機會，利用即時新聞或整體文化，證明自己和世界的關聯，也顯示自己關心時事，畢竟現在的社群媒體行銷是每週七天、一天二十四小時的工作了。

6. 有一致性與自覺心

雖然你每天創作不同的微故事，但它必須不斷告訴讀者「我是誰」，每一則貼文、Twitter 推文、留言、讚或分享都在塑造你的品牌識別度（brand identity）。你應該盡量學習各種不同的平台語言，但不管用哪一種語言、方式說故事，都要維持核心故事、個性與品牌特色。

了解自己就知道要傳達哪些訊息，並保持一致性。這是我們從類比時代就秉持的概念，行銷人員對它應該都很熟悉了。一個有禮貌的人去奶奶家喝茶，穿著和用語會和他與朋友去夜店時不同。品牌也會視情況配合觀眾做出調整，微故事就是一種讓品牌隨變化調整的方式。在日益繁忙、疏離、不斷推陳出新的世界，微故事提供提升品牌知名度的絕佳機會。

當你在平台上創作出符合平台特性又吸睛的內容，會讓讀者有感，讀者有感，

就會和其他人分享，為你帶來好口碑，這種建立口碑的方式，成本遠低於其他行銷媒介。最棒的是你不只擁有自己的內容，還能建立自己和客人的關係。同樣一百萬美元，只能向電視台租三十秒的時段，但如果花在 Facebook 上，可以吸收更多的忠實粉絲，而且只要你夠會說故事，就不需要付出額外的成本，你的內容會一直流傳下去，透過粉絲和追隨著不斷重製、分享，為你建立好口碑，每一次重推、分享、訂閱、愛心和貼文，都會降低單位成本。矽谷的創業家們很快就被這個「不租借，而是真正擁有內容跟關係」的概念吸引，但全球傳統小公司和《財星》五百大企業依然不太能接受這個概念。一旦後者意識到他們再也不需要受制於廣告公司，靠廣告公司宣傳、建立客戶關係，狀況就會有所改變，有了社群媒體，公司什麼都能自己來。有些公司已經照這個概念在走，之後我們會再提到相關個案。

ROUND 3

在 Facebook 說精采故事

- 2004 年 2 月創立
- 一開始命名為 Thefacebook.com，[1] 2005 年 8 月後才更名為 Facebook
  Facebook 在 2006 年擠進大學校園前五「夯」的行列，[2] 和啤酒打成平手，
  但輸給蘋果的音樂撥放器 iPod
- 「讚」（Like）一開始其實是「棒」（Awesome）[3]
- 創辦人馬克・祖克柏（Mark Zuckerberg）一開始反對設立圖片分享功能，[4]
  後來被當時的執行長西恩・帕克（Sean Parker）說服了
- 2012 年 12 月時，Facebook 擁有超過十億個活躍用戶（active users）[5]
- 2012 年 12 月時，有 6.8 億個活躍用戶使用 Facebook 的行動產品[6]
- 美國每五筆網頁瀏覽，就有一筆是上 Facebook[7]
- 讓我再說一次：美國每五筆網頁瀏覽，就有一筆是上 Facebook

Facebook 有什麼好談的？大家都知道這個平台、清楚它在做什麼，它是世界上最大、最壞的社群網絡，像電視一樣徹底改造文化，設立新的里程碑。當你的姪女、兄弟、七十二歲的老爸和超過十億人都在用 Facebook，你不能說它太年輕、僅屬實驗性質或只是一股熱潮。正因為如此，即使有部分小企業主、行銷人員和品牌管理人員對社群媒體持保留態度，也找不到藉口拒絕將 Facebook 當作正式的行銷工具。他們上 Facebook 是因為沒有理由拒絕，而不是為了精密的資料分析，但開始使用、熟悉Facebook 以後，自然容易接受這個平台。時至今日，只有最倔強的那群老古板──通常是不用直接面對消費者的 B2B 公司（譯註：Business to Business 的縮寫，是企業對企業的經營形態，係指一家企業販售其商品或服務給另一家企業，大至工廠機械設備，小到辦公室文具，都是 B2B 的範圍）或超級反骨人士，還在質疑自己的客人到底有沒有在用 Facebook、費心維護公司在 Facebook 上的形象值不值得。

　　既然大家都對 Facebook 很熟悉了，按理說它就最不需要介紹，但這一章卻是本書中最長的章節。原因在於，即便行銷人員都自認了解 Facebook，但他們顯然什麼都不懂，要是真懂，消費者在 Facebook，乃至於其他平台看到的行銷內容，絕對會有所不同。目前大部分的品牌和公司還是沒有意識到 Facebook 帶來前所未有的寶貴資訊，它讓我們有機會了解群眾的生活跟心理，讓行銷人員利用這些資訊，把每一則微故事、每一記刺拳和右鉤拳發揮到極致。

　　試想人們為什麼要上 Facebook ？連結、社交、看看他們認識（想必也關心）的人在做些什麼。過程中，他們也會看到自己的朋友和熟人在看什麼、聽什麼、穿什麼和吃什麼，知道他們關注哪些議題、有什麼規劃、在找什麼工作、要去哪裡。Facebook 希望用戶可以找到跟他們有關、有趣而且有用的事物，而不是惱人又沒重點的東西，不然用戶就不想用 Facebook 了。這意味著，你最好創作和讀者相關、有趣而且有用的貼文。

話說來容易，但要是有這麼簡單，這章就不會這麼長了，只要雇用一級創意人才、創作好的行銷內容，就萬事太平。但現在會遇上三個難題把事情變得複雜，就連最有才華的創意人都會卡關，難以在 Facebook 上有組織地發出好內容。這三個難題就是群眾本身、群眾的演進和 Faccbook 對群眾演進的回應。

　　吸引行銷人員來到 Facebook 的廣大人潮，正是造成他們在 Facebook 上行銷困難的罪魁禍首。十億用戶和他們的貼文形成行銷阻礙，想想看，有那麼多貼文湧入消費者的動態消息頁，爭相吸引目光，就算你的貼文很不賴，消費者還是不太會注意到。

　　此外，用戶也是人，他們會變老、變成熟，他們會成長、分手、生孩子，會放棄吉他，改練西洋劍，也可能變成素食主義者，某人在 2010 年成為你的粉絲，到 2014 年他的好惡已經改變。然而，即便如此，他大概也不會回頭清理 Facebook 上過時的資訊——那些和他舊時喜好相關的訊息。我們追蹤（follow）的人跟品牌，總是超過我們所需，或許你早已不再看某部電視劇，不再關注主角的最新動態，但不會因為生活改變了，就取消追蹤粉絲專頁，我們總期待自己不再感興趣的主題自動從 Facebook 動態消息頁消失。

　　Facebook 很了解我們這種心理。剛開始，Facebook 用戶不多，大學生是主要族群，當時的動態消息按照發文時間先後排序，然而，隨著用戶愈來愈多，資訊也愈來愈駁雜，Facebook 不想像 Twitter 一樣，讓用戶的動態牆被自己一度感興趣的某個人、組織、品牌或企業淹沒，它想要確保用戶看到的都是重要資訊。

　　為了減緩資訊爆炸帶來的問題，Facebook 最終決定採用「邊際排名」（EdgeRank）

演算法。任何一個人和 Facebook 的互動，不管是發動態、上傳照片、按讚、分享或留言，都算是一個「邊際」。理論上，每個邊際都會影響動態消息的內容，但實際上，不是每個邊際的影響都那麼明顯，因為「邊際排名」在演算結果的時候，也是決定哪個邊際最多人感興趣的考量因素之一。Facebook 執行演算法時，會看用戶的動態得到多少迴響，也會考量用戶給其他人或品牌多少回應，用戶和某則貼文的互動愈多，「邊際排名」就愈確定這個用戶對類似的內容感興趣，便會按照這個標準，篩選用戶動態訊息頁上的內容（但還是會隨機抽出一些資訊，確保我們偶爾會看到多年不見的老友的動態，讓 Facebook 永遠保持新鮮有趣）。例如，「邊際排名」發現一名用戶經常按朋友的照片讚，或是在照片下留言，但是會略過好友的純文字動態，它就會確保這名用戶較常看到好友的照片動態，較少看到文字動態。不管用戶是跟好友或品牌互動，每一次都會增加彼此的連結，也增加「邊際排名」從那些好友和品牌的動態中，選出適切的訊息放到用戶的動態消息頁，那塊寶地正是身為行銷人的你，最想看到自家品牌或企業出現的地方。

這就是為什麼創造人們想看的高品質內容變得如此重要，未來品牌在 Facebook 上的曝光率，將取決於消費者現在跟你的互動程度（其他的平台很快就會跟進，採用相同的方式篩選內容）。不幸地，行銷人員最喜歡看到的互動——購物，不會被計入 Facebook 的演算法中，換言之，購物行為不會提升曝光度。行銷人員想要用戶回應他們的右鉤拳想瘋了，所以成天在 Facebook 上揮右鉤拳，卻沒發現用戶對刺拳的回應，才是在 Facebook 行銷最重要的一件事。

用戶對刺拳的回應之所以重要，原因在於 Facebook 透過「邊際排名」衡量讚、留言和分享，但目前它們沒有把點擊動態或其他購物相關行為列入考量。坦白說，「邊際排名」才不在乎你東西賣不賣得出去，Facebook 的首要任務是確保這個平台

對用戶的價值，不是對你這個行銷人員的價值。它在乎的是用戶對 Facebook 上的內容有沒有興趣，因為用戶有興趣，才會再回到這個平台。Facebook 是依據你有多少讚、留言、分享，和點擊，而不是購物來決定用戶有沒有興趣。你可以發一則動態，附上外部連結，連結到你半小時就能創造兩百萬美元營收的產品網頁，只要 Facebook 注意到大家對那則動態的興趣，演算法就會確保你的動態出現在粉絲的動態消息頁。然而，只點連結是沒有用的，如果沒有人分享你的動態，就只有現任粉絲看得到，Facebook 會認定這則動態沒有好到值得和社群以外的人分享。想要抓住更多人的目光，吸引讀者看文章或買東西還不夠，你要讓他們和動態互動，才能把貼文散播出去。在 Facebook 這個平台上，好故事的標準不是能賣多少東西，而是有多少人願意分享。

然而，行銷人員無法看出高參與度與銷量之間的直接關聯性，因為 Facebook 和許多其他的平台一樣，都無法在控制變因的狀況下進行測試。但我們可以合理推斷，想提高銷量就要盡可能讓更多消費者看到你希望他們瀏覽的行銷內容。消費者的眼睛黏在 Facebook 上，既然提高他們的參與度是接觸消費者的唯一管道，那你就不只要創造好的故事，還要突出到讓他們肯與你的貼文互動。用拳擊的術語來說，就是你要用夠多次刺拳來試探對方，建立知名度，這樣等你使出關鍵右鉤拳的時候——也就是你貼出不適合分享、但有連結帶人去買你的東西的時候——這則動態會出現在最多人的動態消息頁。

還有一個問題是，雖然 Facebook 很努力，卻依然無法參透用戶行為背後的意義，也無法得知他們最重視什麼。留言或按讚，哪一種行為比較能反映出用戶的興趣？點開照片或分享照片，哪一個比較能代表用戶對這張照片有感覺？圖片和影片哪個份量比較重？給影片一個讚和看完整段影片，這兩種反應透露出的興趣程度是否一

致？Facebook 不知道，但他非常想知道，為了找到答案，Facebook 不斷修改演算法。這就是為什麼，就算今天你的內容被注意到了，也不保證明天會被看見；此刻你的品牌在用戶的消息動態頁頂端，下一分鐘它或許就被埋藏在第六頁以後了。打個比方，假設今天 Facebook 認為對行動呼籲和品牌代言類貼文而言，分享比按讚傳達的興趣強烈得多，它在計算時，就會給「分享」較高的權重。如果你的內容恰好有很多人分享，那你就發了。但 Facebook 後來又改變主意，覺得按讚和分享差不多，甚至可能比分享強烈一點，而你的內容通常沒什麼人按讚，那又會是怎樣的景況？

即使是行銷老手，要依照 Facebook 做出的改變創作內容，也是一大挑戰。像跳火圈一樣，如果 Facebook 一直變動火圈的方向，我們如何跳過火圈，接觸消費者？

答案是保持警覺，接受你每天至少要調整一次內容，還要了解你的社群，像了解家人一樣深入。要做到這幾點，就要講消費者想聽的故事，用開放、慷慨的心胸面對。你就是要刺、刺、刺、刺、刺。

啟 動 刺 拳 戰 術

成功行銷的關鍵，是記住你的顧客不像你一樣，總把你的品牌放在第一順位。就像約會，第一次約會後，能不能有後續發展，取決於初次見面時，你有沒有辦法發掘對方的興趣，並且將話題導向它。說到底，拳擊和約會差不了多少，兩者的目標都是要得到好結果，只是前者用分數衡量，後者則用是否成功求婚（或達成其他目的）評斷，但不管是拳擊或約會，一開始就強烈猛攻注定失敗。

一間賣靴子的公司，可以聊天氣、聊攀岩，還可以聊打獵，甚至是一些像「在

瘋狂的搖滾盛會上，靴子如何保護你的腳」的話題也很好。這些主題都跟靴子直接相關，或者是讀者稍微轉一下就能將兩者連在一起，所以第一次使出刺拳刺探時，你可以考慮下面這則動態更新：「再會了，《超級製作人》（ *30 Rock* ）！感謝你們帶來歡樂的七年！」

　　如果這間靴子公司的行銷長對社群媒體了解不多，只有一般商務人員的程度，她看到這則新動態，鐵定會怒氣沖沖地來找你，要你說清楚、講明白，「《超級製作人》跟我們的靴子公司有什麼關係？兩個東西差了十萬八千里吧？為什麼我們要發這則動態？它有辦法提升靴子的銷售量嗎？」你會這麼回答，「沒辦法。目前還不行。」

　　行銷長依然站在那兒盯著你看，眼神充滿好奇（最好的狀況），或滿是怒火（最壞的狀況），你則冷靜地指出分析結果——Facebook 的專頁洞察（Page Insights）分析，讓你知道那則動態的吸睛度高於傳統以靴子為主的動態。一切都在你的掌控之中，因為你先前已經多次使出刺拳戰術，拋出各種刺探性問題，例如：「你最喜歡的電視節目是什麼？」等。你利用些問題蒐集消費者的想法，發現粉絲中有八成是《超級製作人》的瘋狂支持者，眼看這個系列即將完結，「再會了！《超級製作人》」的動態，為你與粉絲團建立連結，讓他們知道你不只了解他們，還是他們的一員。在這一瞬間，你的品牌忽然說起人話，不再是一間冷冰冰的靴子公司。數據顯示這則動態比其他一般品牌動態表現更好，代表人們喜歡它，也有所回應，這是好事，因為動態和群眾的連結程度深，會讓 Facebook 知道人們在乎這個品牌，如此一來，你下次發動態時，Facebook 會確保你刊登的十五秒用戶原創影片出現在顧客的動態新聞，讓他們看見用戶展示靴子的片段。但我要再次重申，這則動態本身不會提升銷售量，再下一則——完全沒出現靴子的情人節卡片也不會，你接著又發了三到四則和銷售無關的動態，例如：

第三發刺拳：十五秒攀岩影片

第四發刺拳：民調問答——「你比較喜歡在夏天還是冬天穿靴子？」

關鍵就是持續「給！給！給！」理由只有一個：娛樂顧客，讓他們感覺被了解。實際上，你戳愈多次，也確實愈能摸透他們的心。以往，每一則動態都必須是致命的右鉤拳，因為我們對買靴子的客人了解不多，只知道他們需要能保護腳的鞋子，但現在只要善用刺拳戰術，就可以透過 Facebook 得到關於買家的各種細節。用刺拳試探、放出訊息，我們就能知道顧客喜歡什麼。具娛樂性的內容會和用戶產生連結，而和用戶產生連結的貼文會對 Facebook 和全世界宣告：你的顧客在乎你的品牌。如此一來，當你使出關鍵的一擊，刊登對銷售有直接幫助的內容，像是折價券、免費運送服務，或其他行動呼籲的貼文，你的社群中，高達 4% 的人會看到這則動態，遠高於過去的 0.5%，大幅增加產品售出的機會。

瞄準再出拳

然而，有時候你不希望所有人都看到同一則資訊。在其他平台上，你的動態是完全公開的，每一記刺拳都打在所有人臉上，但在 Facebook 上不一樣，你可以很仔細篩選、客製化刺拳，瞄準粉絲中的特定族群。想要瞄準三十二到四十五歲之間、已婚、大學畢業、會講法文又住在加州的婦女，在跨年夜為她們發一則動態嗎？等你學會善用 Facebook，就可以做得到（而且我相信加州最大的酒商就會這麼做）。

使出刺拳戰術的時候，記得鎖定族群的策略，這在你擊出右鉤拳的時候特別重要。假設你是個時尚業的零售商，而今天恰好是黑色星期五（Black Friday；譯註：美國感恩節後的第二天稱為「黑色星期五」，商家會舉行大拍賣，用折扣吸引節慶

人潮），你剛設計好一則貼文宣傳大家最想要的皮包，你知道那個皮包的買家通常是二十五歲上下的女性，不是五十五歲的男性客人，男客人通常是來買皮帶，這樣你還要把那則皮包貼文秀給那群男性消費者看嗎？當然不要。所以當你在宣布今晚黑色星期五特賣會的時候，那則有皮包的動態只要貼在二十五到三十五歲之間的女性的頁面上就好了。直接對目標族群喊話，會增加他們參與行銷內容的機率，進而提高你的「邊際排名」，而不是把貼文貼給那群根本不關心皮包、不會點進去看的男性看，讓 Facebook 覺得大家都不在乎你的品牌。

接下來，你可以為五十五歲男性客群修改內容，讓他們有共鳴，或許可以下這樣的標語：「嘿！老爸，現在告訴她，她永遠是你生命中最棒的女孩，還不算太晚。黑色星期五特賣會就在今晚六點！」你還可以做更細部的設計，給德州人看的內容，就把貼文設計成德州的形狀，給紐澤西人看，就弄成紐澤西的形狀，以此類推，把產品推銷給那些格外以州為傲的州民。不管是刺拳或右鉤拳，要有效果都得跟消費者對話，並且觸動他們的心。

錢要花在刀口上

以下狀況的成本效益有多高，值得我們檢視一下：零售商不需要太多時間，就能創造兩則完全不同的貼文內容，直接分送給兩個族群，並馬上接收回應。如果興奮的留言不斷增加，或是貼文被瘋狂轉貼，零售商就知道他們的右鉤拳發威了，顧客願意互動，因而增加這個零售商的「邊際排名」，告訴 Facebook，用戶覺得這家公司很重要，接下來，Facebook 就會確保這則貼文出現在更多人的動態消息頁，零售商不需要多花一毛錢，就可以把訊息不斷傳播給更大的用戶群。

如果要在電視上達到一樣的成效，全國連鎖零售商可能得針對不同族群，製作兩支電視廣告。例如，它會在 CNN 的主要時段，播出針對大眾的廣告，再選在地方電視台 UPN 當地時間晚上十點的新聞時段，播出針對多元族群的廣告。創意團隊在廣告播出前好幾個禮拜，就得先把廣告做好，一般而言，電視廣告要重複播放很多次，大概要連播兩個禮拜，讓零售商的目標客戶至少看到三次。這兩支廣告要燒掉零售商約七千到一萬三千美元的廣告費，才能接觸到觀眾。此外，廣告播出後，零售商就只能坐在旁邊祈禱，希望大家有看到廣告，即便觀眾只是開著電視滑手機，不小心看到也好。如果零售商還想增加一些內容，它還得再付一次錢。

這樣聽來，哪一種狀況的時間和經費成本效益比較高？

錢只要花在刀口上，就不算浪費。長久以來，你大概一直在買 Facebook 頁面右側的廣告，那種廣告是到目前為止，品牌或公司花錢打廣告的方式中，成本效益最高的。平均而言，在 Facebook 頁面右側打廣告的成本，每得到一個讚的費用約介於 0.5-1.5 美元之間，但價格還會受到各種因素影響，包括鎖定目標族群的精準度、內容長度和你的經費，所以其實最低可以到 0.1 美元，最高到七美元。聽起來根本是坑錢，就算是買電子信箱帳號，價格最低也可以壓到 0.49 美元，為什麼要接觸在 Facebook 上的粉絲，成本比 0.49 美元還高？因為你在 Facebook 粉絲專頁上的用戶，比其他平台的人社交更廣闊。

這點我可清楚了。1998 年，我用的是電子郵件行銷、搜尋引擎行銷（SME），和點擊付費廣告，宣傳我的美酒庫公司網站（WineLibrary.com）。大家都愛我的產品跟商務，所以樂於訂閱我的郵件、向我買東西。我那時候的商業模型和過去五年間、成功用電子郵件行銷的新公司沒有什麼不同，那些公司包括 Fab.com 購物網、

全球最大團購網站 Groupon，以及精品名牌折扣網站 Gilt。不同的是，他們的粉絲不像當年我的粉絲一樣，深受電子郵件牽制，在那個年代，如果我的粉絲想跟朋友聊天或是分享訊息，他們就得用電子郵件。現在的粉絲不再仰賴電子郵件了，所以行銷人員得開出很好的條件，他們才肯分享訊息，例如，只要拉五個朋友訂閱網站，第一次購物就可以享有十美元折扣。如果動機不足，人們就不會分享你的宣傳內容，或是邀請朋友透過電子郵件加入你的網站，因為邀朋友做這種事情，感覺太像在發垃圾信了。然而，社群媒體和電子郵件不一樣，它就是為了分享而存在的，所以在 Facebook 上針對特定族群的廣告，才能夠賣到一個粉絲 0.5-1.5 美元，因為它真的值這個錢，只要你提供粉絲他們想要的內容和服務，他們很有可能無條件替你分享內容，甚至多次分享。

聰明花錢的新形態

不幸地，便宜吸收粉絲的時代即將過去，Facebook 目前的廣告形式很快就要絕跡了。群眾使用 Facebook 的平台迅速轉向行動裝置，大家拋棄了筆電，換言之，在電腦上才能看到的頁面右側廣告就要消失了。你可能會期待粉絲直接到你的專頁去看訊息，但捫心自問，如果不是要特別研究，你會沒事跑去逛那些粉絲專頁嗎？況且我們愈來愈常用行動應用程式瀏覽 Facebook，不再連到 Facebook 網站，自然更不會特地去看粉絲專頁了。

行動裝置把桌上型電腦的內容移到新的介面上，短時間內無可取代，因為實在太省空間了，這也意味著，在下一波科技革命創造新產品之前，例如 Google 眼鏡或掌上型刺青螢幕（tattooed screens），你在 Facebook 上的故事、內容和行銷都必須針對行動裝置設計。這就是為什麼在 2013 年 1 月，Facebook 執行長馬克·祖克柏宣

布，現在 Facebook 的定位應該是行動公司。 那之後的半年內，Facebook 就宣布他們 2013 年第二季，有十六億美元的營收來自行動裝置，占總營收 41%。

但行銷人員被鎖在智慧型手機的小螢幕裡，要怎麼打廣告呢？有些公司想到一個餿主意：把廣告直接放在消費者要看的東西上面。你一定遇過這種事——到自己最喜歡的網站看新訊息，第一個看到的卻不是你在找的內容，而是一個超大、超礙眼的視窗，那個視窗占據整個螢幕，對你宣傳電子產品或軟體，或其他你沒有打算在這個網站看的東西。怎麼會有行銷人員覺得這樣很聰明？這只會激怒使用者，讓大家對你的品牌反感而已，這與刺拳的效果相反，你留給人們的印象全部是壞的。品質、關聯性、時間點比很多行銷人員想像得還重要，再提醒一次，我們必須記得人們為什麼要上 Facebook、瀏覽某個網站，他們不是為了看廣告才來的。

那麼行銷人員應該怎麼做呢？我們要重新思考廣告應該長什麼樣子、要達到什麼效果，我們必須客製化，必須帶來價值。從現在開始，你在 Facebook 上的貼文和廣告要達到「零」差異！你的貼文內容，或是微故事，就必須是廣告。可喜的是，Facebook 一直在精進自家工具，讓你可以設計出粉絲檢驗過的內容，這不只會增加貼文流傳的廣度，也可以避免你的貼文浪費自己和客人的時間。這種工具就叫做「動態贊助」（sponsored story），它不同於電視和雜誌廣告，它是一分錢一分貨。

動態贊助

Facebook 在 2011 年就開創「動態贊助」，但一直到 2012 年的秋天才成功推行，成功的關鍵在於 Facebook 宣布，它終於調整演算法，不再

要寫一本關於時事的書，是機會也是挑戰。像我在寫本書初稿的時候，馬克·祖克柏兩天前才進行這場演講。

動態消息案例

 Jane Doe likes Gary Vaynerchuk.

 Gary Vaynerchuk
Joe Smith and 3 other friends also like this

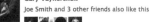

Like Page · Find More Pages · 3 hours ago · Sponsored

右方欄位預覽

Gary Vaynerchuk

 這真的讓我氣炸了……你竟然
還沒有按我的粉絲專業讚!
還不快點,老兄!

135,019 people like Gary Vaynerchuk.

刻意限制只有多少用戶一定看得到品牌貼文。原本不管用戶有沒有按粉絲專頁讚,都不保證他們看得到貼文,現在,雖然 Facebook 還是會用演算法擋掉無趣或沒意義的垃圾貼文,但好的貼文可以自動接觸到多數粉絲。然而,在 2013 年 9 月,依據 Facebook 的演算法,還是只有 3%-5% 左右的粉絲會看到你的貼文,要讓更多粉絲看見,你的貼文要真的非常吸引人,或是你要花錢買曝光度。如此一來,Facebook 就可以透過提高動態消息頁的進入門檻,保障消費者的使用品質。

但很多行銷人沒有想到這一點,他們氣憤地質問:Facebook 怎麼可以利用自己的十億用戶來逼我們付更多錢?對消費者真不忠誠,超陰險,好一個徹頭徹尾的資本家!

我不懂大家到底在氣什麼,有人真的認為 Facebook 不會想到新的賺錢方法嗎?

更何況，這年頭大家都和個人電腦的大螢幕說掰掰，轉到行動裝置上了，Facebook頁面右側的廣告消失的速度，比我在演講時飆髒話的次數減少得還快，在這種情況下，難道Facebook還有別的事可做嗎？行銷人員和企業主砸幾百萬做電視廣告都甘願了，他們連那些廣告會不會吸引到人都不知道，還是覺得錢花得值得。Facebook和電視不一樣，你在Facebook上的內容能接觸到多少人，取決於你的貼文夠不夠吸引人、讓讀者想分享。愈多人和你的內容互動、分享它，就會把你的口碑傳得愈遠。Facebook讓你和更多人分享內容，但相對地，在上面貼一些沒人在乎的東西，會讓你未來貼文的能見度愈來愈低。

「動態贊助」獎勵敏捷、反應快的人，是很好的廣告平台。當它明確告訴我們某一則內容引起迴響，我們就知道要多花一點錢在上面。想當初我還在用電子郵件行銷的時候，要是有這種功能，我就能多賣很多酒，想到這裡，我的眼淚就跟當年少賣的紅酒一樣多。假設當時收到我的信的人，有20%真的會點開來讀，某天我發出一封信，卻赫然發現有21%的人點開，而且信中宣傳的酒，賣得特別好，那我就知道那封信一定有什麼東西對我的客戶特別有價值。這樣的認知值多少錢？我很樂於多付點錢給Yahoo、Gmail和Hotmail，確保我的下一封信讓更多人看到，不管是因為那封信能躲過垃圾信件過濾器，或是在別人登入信箱的時候自動開啟，這種服務都會是世界上最好的行銷工具。（欸！Google！老師在講，你有沒有在聽啊！）基本上，Facebook「動態贊助」的功能就很接近我形容的模式。

Facebook解釋「動態贊助」的能力出奇地糟糕，讓我來試著說明。「動態贊助」分兩種，一種是「專頁貼文」，很單純，就是讓你挑選一則內容，放到動態訊息頁，讓更多粉絲看到（超過一般3%-5%的比率）。另一種則是用同樣的方式增加曝光度，但是會強調粉絲和這則貼文的互動，讓粉絲的朋友也能看到。你可以選擇「動態贊

助」的重點要放在打卡、讚，或是其他互動行為，像是分享你的應用程式或網站上的故事。例如，有粉絲在飯店打卡，或是要向店家買一件 T-shirt，這間飯店和店家就會付錢，確保這名粉絲的朋友都知道這件事，讓他們知道的方式不是在頁面右邊放上用電腦才看得到的廣告，而是直接放進動態消息頁。

對行銷人員而言，這是很大的突破，一開始我們都是用貼文方式夾帶廣告，後來移到頁面右側，看起來就不再像是一般貼文，而是陌生人在打廣告，限縮了創意原有的效果。但現在有了「動態贊助」，行銷人員就能持續發揮創意、創造效果，同時付錢增加曝光度，加強宣傳效果，我們有絕佳的機會和活躍的粉絲互動，又得以與沉寂多時的粉絲重修舊好。

「動態贊助」的運作方式如下：當我贊助某一則貼文，追蹤我專頁的人當中，就有更多人會在自己的動態消息上看到那則貼文，提醒他們我的存在。如果貼文的內容夠好，讓他們想要和它互動——按讚、分享或留言——它們就會回到我的懷抱，讓 Facebook 覺得我又變回大家在乎的角色，讓它知道：「Facebook 用戶喜歡GaryVee，我要讓他們看到更多 GaryVee。」這樣下次我有新貼文的時候，就有更多人會看到，但那一次我不需要多花錢來增加曝光度，如果這樣的互動一直持續，我第一次投資的單位成本，就會隨著我的知名度提升而不斷降低。我只要付小小一則「動態贊助」的錢，就可能促成長達一個月的雪球效應。

記住，在發贊助動態的時候，你不需要另外買新的數據。你可以讓更多人看到貼文，並且比免費的一般貼文或針對性貼文（targeted post）瞄得準一點。在一則表現優異的針對性貼文上花錢，把它變成贊助動態，就可以增加你瞄準族群的準確度。你平時可以針對女性發文，但是用「動態贊助」可以針對喜歡藝文或愛聽鄉村音樂

的女性。如果你發現自己的粉絲中，很多人喜歡起源於倫敦南部的電子音樂—— 迴響貝斯（dubstep），就可以在貼文中提到鬼才 DJ 史奇雷克斯（Skrillex），把貼文送到粉絲的動態消息上。如果你的貼文是以嘻哈（hip-hop）為主題，可以先看看你的粉絲中，有誰常聽 A$AP Rocky 或其他嘻哈歌手的音樂，並且只針對他們發送貼文。知道這種小細節，就可以針對粉絲的喜好設計內容，讓你揮出擊垮對手的右鉤拳。

花小錢，換重拳

「動態贊助」是史上最好的廣告途徑之一，它不會多花你一毛錢，真的是一分錢，一分貨。Facebook 在計算你的「動態贊助」初始價值的時候，會考慮你在吸引目標族群時，得面對多激烈的競爭，還有你的競爭對手願意花多少錢。在這個起始點上，你再和 Facebook 談，你願意為了點擊率和曝光度花多少錢，但你實際上未必會付到那麼多錢。如果你的廣告做得夠好，吸引很多人，Facebook 就會認為你的廣告比競爭者那些沒人看的貼文有價值，如果 Facebook 認為你的貼文表現很好，吸引人按讚又有互動，就會少收你一點錢。此外，當 Facebook 發現用戶和你的貼文互動，就會讓更多人看到那則貼文，因為顯然它會增加動態消息的品質和娛樂性。然而，只要大家一停止點閱，Facebook 就不會再把它當成「動態贊助」，雖然核心粉絲還是看得到那則貼文，但是它會自然凋零，被歸類為不重要的動態。當然，除非你堅持要在它身上花更多錢，但你為什麼要這麼做？這次和 Facebook 談，你勢必得付更多錢，卻依然效果不彰，Facebook 基本上就是想降低宣傳壞貼文的成本效益。

你知道 Facebook 有多酷嗎？如果你付錢打一支爛電視廣告，只要你肯花錢，它還是會一直重複播放，賣廣告時段的老闆不會看著你的作品說，「欸，我不能收你錢，這種東西放上去不會提升你的業務量。」但是 Facebook 會這麼做，不是因為它

心地善良，願意保護你，而是它夠機警，知道要提防你。對 Facebook 而言，你的好貼文對它有益，但只要用戶開始覺得自己每次上 Facebook 都在看廢文，Facebook 就會受害。

如果電視台讓行銷人員看數據，證明他們每次播出爛廣告，消費者就會把電視關掉，那電視廣告的品質就會好很多。這就是 Facebook 和其他社群媒體可以為我們做的，理想狀態是，當 Facebook 告訴你，沒有人在跟你的「動態贊助」互動，就是要你停下來、想辦法修正動態，或是直接放棄它。Facebook 沒辦法告訴你，動態為什麼沒有效果，你必須要利用它給你的數據，自己去分析。社群媒體讓我們看到消費者的即時反應，逼我們變成更好的行銷人員、策略家和服務提供者。

社群媒體開的價格超級低，或許不像以前一樣便宜，但絕對比電視廣告便宜到不行。不信你去看看有沒有電視台、廣播電台、報紙、雜誌或橫幅廣告供應商，像 Facebook 一樣，讓你免費發一些有創意或針對特定族群的貼文，測試行銷內容。

到頭來，在 Facebook 上打廣告的方式改變，只是改變你和 Facebook 合作要付多少錢，不是說故事的方式。如果你懂得怎麼使出對客人有意義的刺拳，讓他們看漫畫、玩遊戲或看其他幫他們逃離現實生活的貼文，輕鬆一下，吸引他們在你最後使出右鉤拳提出請求的時候，提升你的業績，那你就贏了。相反地，只要不懂這一點就必輸無疑。

不管 Facebook 怎麼做，最後致勝的關鍵，還是你的內容。你可以贊助一則廢文，它不會提升你的銷量，但你永遠不需要特別贊助一則貼文才知道它廢，因為在你免費發動態的時候，Facebook 社群就會自動替你過濾廢文，你會發現一直只有 3%-5%

的人看到那則貼文，如果有更多人在跟那則貼文互動，你就知道貼文的內容是好的，那就是你要贊助的動態。如果你發了一則動態，卻沒有人注意，那你就要修改一下，或是想新的東西，Facebook 讓你不需要冒險，就能確定你只投資對公司有幫助的東西。

　　未來可能改變，或許有一天，Facebook 會決定用消費者的購物行為來決定粉絲對貼文有沒有興趣，把購買的重要性看得比留言、讚或分享更高，畢竟人家想買你的東西，顯然代表他們想看到你的貼文。到那時候，Facebook 就不只是一個刺拳平台，也同時是右鉤拳平台了。要是那一天真的到來，我相信屆時 Facebook 還是會想辦法像控制「動態贊助」一樣，控制右鉤拳，因為 Facebook 絕對不想成為一個純右鉤拳平台，那會要它的命。

　　我給行銷人員的建議是，不要再抱怨了，趕快開始規劃、創作有價值的微故事，讓你成功接觸到 Facebook 小心翼翼保護的顧客吧！多一點創業家精神，去想想要怎麼利用這個系統，用小錢賺到最重的一拳。在 Facebook 上，你可以用其他平台無法提供的方式創新。

　　要怎麼做？接下來幾頁，我們會看到 Facebook 上非常成功的個案，還有搞笑的失誤。

請特別注意，以下的個案評論是依據多年經驗提出的個人想法，我不知道任何公司的計畫或是原始意圖，只是就我看到的評論而已。

AIR CANADA
加拿大航空 ———————— 白白浪費一個好主意

Air Canada · 494,738 like this
March 20 at 1:45pm · ☀

×

👍 **Like**

我們的第一位空姐露西 · 加諾 · 甘特（Lucile Garner Grant），於 3 月 4 日辭世，享壽一〇二歲。我們誠摯地向她的家屬致哀。露西是個徹頭徹尾的冒險家，我們很榮幸曾有她陪我們走過一段時光。
http://aircan.ca/SMjvQL

enRoute | Q&A with Lucile Garner Grant
enroute.aircanada.com

Claim to fame: The first woman to be employed by Trans–Canada Air Lines (TCA), Garner Grant was a flight attendant from 1938 to 1943. She once rode a dogsled from the airport to a radio station in Fort Nelson, B.C., to fetch a weather

　　露西是加拿大航空成立以來第一位空姐，於 1938 年加入加拿大航空，直到 1943 年才退休，並於 3 月 4 日辭世，享壽一〇二歲。露西的故事很適合搭配刺拳戰術，是加拿大航空拉近它和四十萬名粉絲的關係的大好機會，但他們卻讓煮熟的鴨子飛了。加拿大航空對她致意的方式，是放上她的照片，並貼上連結，連到航空雜誌半年前的專訪。

他們失敗的原因如下：

> **視覺效果不佳**

> **字太多、太冗長**

> **這應該是一則圖片動態，而不是一則附連結的貼文**

加拿大航空只要多花一點時間處理視覺效果，就可以帶來很大的改變。多數人看到露西這張大頭貼，都會希望自己一○二歲的時候跟她一樣漂亮，但是當這張照片被兩大坨文字夾住的時候，效果就降低了。一般人用行動裝置上 Facebook 的時候，都是很快地滑過去，加拿大航空不應該預期大家有辦法看這麼多字，他們如果是上傳一張照片，做成照片貼文，效果就不同了。上傳加諾‧甘特女士的遺照後，在圖片上方公布她過世的消息，加拿大航空就能凸顯這張照片，同時解釋這張照片的新聞點。他們應該不要在照片的左右側放太多東西，摘錄一句專放內容即可（例如「徹頭徹尾的冒險家」，或是關於狗橇的故事），再配上文章連結，如右頁圖。

這就是一則標準的「微故事」──精簡、吸睛、即時、客製化。整則貼文的版面夠大、夠吸睛，讓人在滑過 Facebook 即時新聞頁面時，忍不住停下來驚嘆一聲，「哇，一○二歲喔？他們的第一位空姐？」甚至會點連結繼續看完整專訪內容，而專訪內容會帶讀者回顧甘特有趣的經歷，吸引讀者分享連結。如果加拿大航空針對圖文做些微調整，讀者就會給他們更多時間，聽他們讚揚自己的員工，並聆聽品牌故事。

Air Canada · 396,299 like this
March 20 at 1:45pm · ☼

👍 **Like**

我們的第一位空姐露西·加諾·甘特（Lucile Garner Grant），於 3 月 4 日辭世，享壽一
○二歲。我們誠摯地向她的家屬致哀。露西是個徹頭徹尾的冒險家，我們很榮幸曾有
她陪我們走過一段時光。 http://aircan.ca/SMjvQL

JEEP
吉普汽車 ——————— 營造正確的氛圍

Jeep
「這是吉普。」吉普症狀包括被風吹亂的髮梢、恆久的笑容
和無盡的歡愉。（感謝粉絲梅根·布萊恩特的照片）　— with
Kaitlyn Brooke Latham, Keith E Brown, Laura Rincón, Ritchie Ritz, Rajeev
Elavally, Yahia Mirmotahari, Anay Tobon, Richard Antonio Horna Quiroz
and Victor Tobon.
Like · Comment · Share · April 8

這張照片完美呈現吉普的品牌形象，沒有哪個代言人比照片中的漂亮少女更適合吉普，她的太陽眼鏡配上飄逸長髮和燦爛笑容，讓大家聯想到夏天、歡樂和自由。最酷的地方在於她不是模特兒，而是一個名叫梅根·布萊恩特（Megan Bryant）的吉普粉絲，她自行拍了這張照片並上傳 Facebook。照片中的動作和情緒令人驚豔，值得仔細研究。只要看一眼，就會燃起你擁有吉普車的欲望。

唯一一個小缺點是應該要讓讀者更容易看出「這是吉普」，可以考慮把商標放到照片上，只要做出這樣簡單的調整，吉普就能擊出漂亮的一拳——宣傳力強的圖片、品牌商標和絕佳註解一次到位。撇開這個小缺點，恭喜吉普做出這麼漂亮、有人性又完美執行的一記刺拳。

MERCEDES-BENZ
賓士汽車 ——————————— 絕佳產品值得更好的行銷

我們說即將上市的 2014 年 S-Class 車款會「活化舒適感」，這五個字的意思是什麼呢？如《富比世》雜誌所形容的，座椅的熱石式按摩功能「就像真人按摩」，您專屬的奢華皮椅是一項科技展示品，椅背內有十四個氣囊用來加溫並通風，以上這些僅是《富比世》雜誌指出 S-Class 會為整個產業創立新標竿的幾項科技實例。

閱讀《富比世》雜誌完整評析，並告訴我們您的想法：
http://mbenz.us/17bxhff

　　另外一家車廠採用比吉普汽車更傳統的行銷手段，它刊出自家產品的照片——漂亮又奢華的高檔汽車，產品價值不言而喻。很不幸地，賓士把接近右鉤拳的重刺拳，變得軟弱無力。原因如下：

> **字太多**：賓士明明只需要一行文字形容車內華麗的裝潢，並附上連結，帶讀者前往《富比世》雜誌（*Forbes*）超棒的文章，告訴讀者他們需要知道的內容。他卻選擇用沒人想閱讀的文字敘述，拖累極具質感的照片，令人惋惜。

> **行動呼籲手段粗劣**：此外，他們把行動呼籲的連結擺在一長串文章的後面。這是何苦呢？明明文字愈少，愈能凸顯《富比世》雜誌那篇充滿讚美的文章連結，他們卻讓連結隱沒在字堆中。

> **沒有商標**：看到那台超華麗的汽車，但不看發文者的大頭貼就無法知道這台車是哪個品牌的。實際上，確定賓士的商標有品味地出現在照片某處，既不會降低格調，也不費工夫。

SUBARU
速霸陸汽車 ——————— 新手上路

我實在太不喜歡這則貼文了，不滿意到我不知道該從哪裡開始評論。

> **無聊的內文**：跟賓士一樣，速霸陸分享了對新款汽車的評論，不同的是，賓士講得太多，速霸陸說得太少。內文長度是理想的，但還是應該點出這則評論是好評。重點是他們錯失一個讓粉絲期待並繼續往下讀的機會。

Subaru of America, Inc.
《消費者報告》剛刊登對新一代「森林人」車款的評價：
http://subar.us/153KlhX
Like · Comment · Share · April 10

> **糟透了的照片**：除非速霸陸不只要賣車，還要賣它旁邊那條馬路，不然那一片潮濕的道路沒有理由占據半個畫面，速霸陸的車已經遠到快跟在水面上漂浮的帆船一樣小了。

> **沒有商標**：這張照片完全無法吸引目光，就算有人碰巧看見了，上面也沒有任何商標告訴讀者，這部車有什麼值得注意的地方。

我想不出任何辦法把這堆廢鐵變成金礦，硬要改的話，可以使用《消費者報告》（*Consumer Reports*）的標題，配上品牌商標，稍微裁剪一下圖片，或許還勉強算是一記刺拳吧！

VICTORIA'S SECRET
維多利亞的祕密 ———————— 精通平台語言

Victoria's Secret
比天使「更天使」

你還不是天使卡用戶嗎？
點此申請：http://i.victoria.com/12x
Like · Comment · Share · April 5

這張行銷力十足的照片，顯示維多利亞的祕密很懂得創作為平台量身訂做的內容。

> **戲劇化的圖片**：模特兒身後的羽毛顯然不是唯一抓住讀者目光的物品，讓讀者停下手指的，是模特兒身上讓男人深愛、讓女人羨慕的部分。除此之外，維多利亞的祕密還確保照片的整體設計，就像照片主角一樣吸引人，整張照片的大小足以占滿

手機和個人電腦螢幕,黑白兩色增加戲劇效果,模特兒的羽毛上那串粉紅色標語,就像她的乳溝和美化胸線的蕾絲一樣吸睛。維多利亞的祕密用盡全力,就是不讓任何人在眾多即時動態中,忽略這則廣告。

> **善用文字:**文字標語靠近圖片中心,如此一來,就算是在行動裝置上瀏覽,也不會因為圖片被裁切,就把標語一併裁掉。動態內容的長度和語調都十分完美,內文精簡而直接,引號內的字讓人會心一笑,更添人性和幽默感,這都是品牌社群行銷中很重要的一部分。

> **適當的連結:**在「點此申請」之後,維多利亞的祕密附上連結,直接帶你到天使卡的申請頁面,迅速、簡單地銷售。放對連結這麼直覺的事情,還需要特別嘉獎嗎?你會很訝異有多少公司會在揮出一記漂亮的右鉤拳後,附上官網首頁的連結,讓顧客自己四處尋找購物鈕。稍後會提到鱷魚牌(Lacoste)在 Twitter 上的推文,就是個例子。

MINI COOPER
寶馬迷你 ──────────── 激發冒險精神

MINI
誰這麼快就把車篷給放下來？這群不怕死的人就這麼衝上瑞士海拔一千公尺以上、
布滿雪的道路，只為了證明這趟旅行很值得！

「包」你溫暖：http://bit.ly/Alpine-Cruising
Like · Comment · Share · April 11

> **表達方式極佳**：我很喜歡這則動態的表達方式，短短兩行字向你掛保證，只要搭
上寶馬迷你，冒險就在前方。你可以到瑞士！開敞篷車！駛過皚皚白雪！光是想像
在雪地裡，把車子的篷頂放下就覺得很詭異，讓讀者說什麼都想按一下連結，看看
寶馬迷你如何帶給你一輩子一次的超酷旅行。底下那句「『包』你溫暖」，提示我
們只要點開連結，就不會再懷疑這趟雪中之旅有多舒適，加深我們的好奇心。點開

連結後，你會看到一篇文章告訴你，你只需要一副雪鏡和寶馬迷你的保溫皮椅，就能敞篷大開地駛過高海拔雪地，過程就像開上加州的高速公路一樣舒適。

> **少了品牌商標**：雖然寶馬迷你沒有在這則 Facebook 動態放上商標，但因為他的車非常有特色，就算這張照片是從後面拍的，一樣很容易辨識，所以我認為不算大錯。但我還是希望有寶馬迷你的人看完這本書，學到把商標加到微故事上的技巧，因為他們只要做到這點，刺拳技術就近乎完美。

幹得好，迷你！

ZARA
時裝店 ──────── 掛羊頭賣狗肉

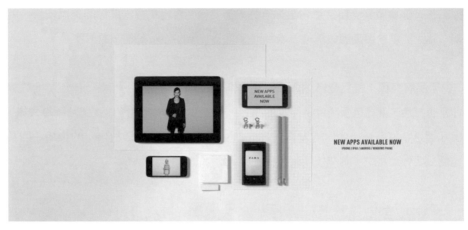

ZARA
Zara 的應用程式

http://bit.ly/PYx7kY
Like · Comment · Share · November 16, 2012

　　Zara 在 Facebook 上有一千九百萬名粉絲,勢力龐大。但它為什麼會想要發這種沒人看得懂的廢文讓粉絲失望呢?讓我們來分析看看,這則動態為什麼是在浪費品牌跟粉絲的時間。

> **不適合行動裝置:**我得瞇著眼睛,才看得到圖片旁邊、標題底下那行字。iPhone底下那兩條小毛毛蟲又是怎麼一回事?如果不把螢幕拿近一點,根本看不出來那坨黃色的東西是便條紙。用筆電看尚且如此,如果是用行動裝置的話,幾乎不可能看到這些圖。

> **好的文案**：至少他們的文案是好的，「就是要 App ！」簡短又親民，一語道破所有你需要知道的事，那就是 Zara 有應用程式了。非常好，我該去哪裡弄到這個應用程式？啊！有連結，讓我來點點看，點進去以後我就可以⋯⋯在 Zara 的官網上購物。但是我想要下載應用程式啊！這不是你剛剛才公布的東西嗎？你的應用程式在哪裡？ Zara，你在搞什麼啊！

公司的連結愈常把消費者帶到對他們沒有價值的地方，消費者就愈不願意點公司的連結。這則 Facebook 貼文這樣掛羊頭賣狗肉，短期會讓消費者失望，長期可能會打擊 Zara 好不容易在這個社群中獲得的尊重和權益。

REGAL CINEMAS
里哥電影院 —————— 操作品牌

　　由於電影產業會不斷產出獨特影像，他們比任何產業都適合操作品牌。然而，不久前我為了找尋社群媒體行銷機會，大量分析電影院的粉絲專業，發現電影院的 Facebook 動態了無新意，幾乎都是在推銷電影訂票網站「方探戈」（Fantango）上的電影票而已。然而，里哥電影院反其道而行，讓兩個電影角色相互較勁，擊出漂亮的刺拳。

> **圖片**：里哥電影院的行銷創意人員，大概在看了幾千張劇照後，才挑出這兩張照片。他們選得很好，雖然瑟‧梅倫（Thornton Melon）和法蘭克‧坦克（Frank the Tank）重返校園的時間點整整差了二十年〔譯註：瑟頓‧梅倫為電影《大兒子，小爸爸》

（*Back to School*）的男主角，法蘭克‧坦克則是《重返校園》（*Old School*）的男主角，兩部電影拍攝時間相隔近二十年，內容皆與成年人回歸大學校園相關〕，但兩個人卻意外地相似，像一個模子刻出來的。

> **內文**：這則動態的內文跟圖片上的文字沒有重複，相反地，圖片標題丟出問句，內文則提醒我們這兩個角色的名字，避免有人對他們不熟悉。如果里哥選擇直接把角色的名字標記在他們的照片底下，而不是只寫「甲」或「乙」，雖然要冒著內容重複的風險，但可能會吸引更多人。最高原則：讓粉絲愈容易融入愈好！有些人可能沒辦法馬上想到這兩個角色的名字，因此失去興趣，何必冒這樣的風險呢？

> **相同錯誤，沒有品牌商標**：里哥電影院記得建立品牌知名度，這點很好，但直接放上商標會比在圖片底下放一條廣告好，很少人會另外輸入電影院的網址，在版面有限的狀況下，最好在角落放上品牌商標。但這只是個無關緊要的批評啦！

里哥電影院，你們做得很到位，我真替你們開心！

PHILIPPINE AIRLINES
菲律賓航空 ——————— 味如嚼蠟

　　大家都愛聊食物，所以像菲律賓航空這樣在熱帶地區航行的航空公司，讓粉絲分享自己吃過「最熱帶的食物」，其實是個好主意。問題是：有這麼好的想法，為什麼要糟蹋呢？

> **不懂得利用平台**：在可以分享照片的平台上，想聊食物就應該把那該死的照片放上去，這應該很直覺吧？菲律賓航空可以把食物放在自家航空餐盤上拍照，可以放亞洲美食的精美照片，或是耍幽默，放一盤睪丸或其他對西方人的味蕾而言屬於熱帶食物的照片。他們很輕易就可以把這則動態變得漂亮又有趣。

> **語調平淡**：大家一天到晚在開航空餐的玩笑，菲律賓航空難道就想不出一個好方法讓大家知道他們比較懂美食嗎？菲律賓航空提出的問題無法引起顧客與公司之間共鳴，這則動態平淡無奇，全世界任何公司都能發。

Philippine Airlines · 855,215 like this
February 27 at 3:01am · 🌐

👍 Like

你吃過最「熱帶」的食物是什麼？是在哪個國家吃的？

Like · Comment · Share 　　　　💬 3

> **太多行動呼籲**：最後，菲律賓航空應該要記得過猶不及，行動呼籲加倍，會讓看的人更不想回答問題。聽起來很誇張，但是現在大家狂滑手機，速度之快，連兩個問題都嫌多，他們應該分成兩則貼文。

SELENA GOMEZ
魔法少女席琳娜 ——————— 點石成金

你的手指老是跟手機黏在一起，何不讓他們相互輝映？塗上和機殼顏色相同的指甲油是現在正夯的女性時尚潮流。在這則貼文中，席琳娜嘲笑自己跟著群眾一起瘋，擊出一記機靈的刺拳（席琳娜《星空漫舞世界巡迴演唱會》的宣傳海報是金色的，和照片中指甲油和手機的顏色一模一樣），她證明自己有辦法創造跟照片一樣閃亮炫目的效果。

Selena Gomez
喔天，我就是那個女孩……Lol
Like · Comment · Share · April 16

> **照片**：寬大、霸氣，非常融入 Facebook 平台。席琳娜的手和手機閃亮亮地塞滿整張照片，讓滑手機的粉絲們立刻上鉤。

> **文案**：名人經常濫用社群媒體，他們最常犯的錯誤就是話太多，但席琳娜在這則動態中，非常聰明地放上簡短又逗趣的文字。

超過六千次分享、二十二萬人按讚，席琳娜這則 Facebook 動態贊助廣告，顯示如果你讓粉絲覺得你做的一切都是為了他們，他們有多願意為你推廣品牌內容。

SHAKIRA
夏奇拉 ——————— 了無新意

 Shakira · 66,264,718 like this
April 10 at 3:40pm · 🌐

🔲 **Like**

• 夏奇拉自創同名香水品牌 S by Shakira 在巴黎舉行新品上市活動，夏奇拉在影片中分享自己當媽媽、錄製下一張專輯和在歌唱節目《好聲音》（The Voice）擔任導師的心情故事……

• En este vídeo del viaje de Shakira a París, ciudad en la que presentó su fragancia S by Shakira, Shak nos habló sobre su nuevo rol como madre, su nuevo álbum y sobre su participación en el programa The Voice.
ShakHQ

 Shakira in Paris – Shakira en París
www.youtube.com
On 27 March 2013, Shakira visited Paris to launch her new S by Shakira fragrance at the city's Sephora store. While she was there, she

夏奇拉有高達六千三百萬名粉絲，這則動態對每一個粉絲還有她自己，都沒好處。

> **錯誤的發文形式：**還記得席琳娜的照片如何抓住你的目光嗎？這一則動態你卻需要瞇著眼睛看，因為這是連結貼文，不是圖片貼文。當你附上 Youtube 連結，他有一個固定的顯示方式，標題、連結、內文占的版面和照片差不多，大幅降低了照片的宣傳效果。

> **糟糕的照片：**就算把這張照片放大大概也沒什麼宣傳力，這則動態的重點明明是要賣夏奇拉的新香水，為什麼我們看到的圖卻是夏奇拉跟粉絲拿著她剛簽好的足球衣在台上合照？讓大家看到夏奇拉的親切、對粉絲慷慨很好，但這跟發文目的不符。

> **內文**：首先是英文內容，然後是西班牙文，接著在 Youtube 預覽窗格中，又有說明。這不是小說，這是動態，動態就應該要短。各品牌都可以依據地點和語言調整發文內容，更何況內文平淡無奇，根本不需要在這則動態裡打上兩種語言。很難想像創立能引領風騷的品牌的董娘，竟然會發出如此無趣的動態。

> **無法跟讀者產生連結**：除了大喊一聲謝謝，感謝粉絲按她的 Facebook 專頁讚之外，夏奇拉和粉絲沒有其他互動。以一個想賣香水的人而言，這行為還滿怪的。

> **影片**：影片長達六分鐘，沒有任何一個用行動裝置上 Facebook 的人會想看六分鐘的香水宣傳影片，再愛你也不會看。

這一整則動態（你或許沒耐性看完）應該要讓讀者一窺明星旋風式的生活、了解她人性化的一面，夏奇拉的行銷團隊有很多方法可以達到這種效果，帶給她的粉絲一些價值。

LIL WAYNE
小韋恩 ——————— 歡迎來到網路垃圾堆

　　我必須在評論之前先跟小韋恩說聲恭喜，恭喜他成為第一個成功把 Facebook 變成 MySpace 的人（譯註：MySpace 是一個社交網路服務網站，美國和英國的許多學校與公眾圖書館都禁止連結至 MySpace，因為該網站已經成為「學生之間八卦傳言和惡意評論的天堂」）。

> **糟糕的頁面管理**：任由其他人用你的粉絲專頁進行自己的業務、經營 Facebook 專頁，對特地到你的社群來的核心粉絲是一種侮辱，你可能還會讓粉絲轉而討厭你，

 Lil Wayne · 46,102,897 like this
April 15 at 5:06pm · 🌐

👍 **Like**

全美最令人期待的音樂饗宴，嘻哈巨星小韋恩、T.I. 和 Future 同台演出
- 第一波售票：4 月 17 日星期三
- 想要早點拿到票嗎？快成為「青年百萬富翁」！〔譯註：〈青年百萬富翁〉（Young Money Millionaire）是小韋恩的主打歌〕
- 想來嗎？馬上到活動專業報名，讓我們看見你！
http://www.facebook.com/event.php?eid=596791870332415

 **Lil Wayne @ Joe Louis Arena – Detroit, MI**
August 9 at 8:00pm
Joe Louis Arena

▦ Join · 840 people are going

那些不耐煩的留言就是證據:「好啦!小韋恩,我們知道了,你同一篇文已經發第八次了⋯⋯」留言的粉絲應該要等很久才會得到回覆,因為小韋恩根本不會來這裡。他疏於管理粉絲專頁、不清除垃圾貼文又不和人互動,顯示他不在乎自己的粉絲,也讓粉絲沒有理由在乎他,或是再光顧他的粉絲專頁。

我真的很不願意嘲笑小韋恩,因為我超愛他的音樂,但說實話,像你花這麼少時間經營社群媒體行銷,跟街上那些把傳單塞到別人車窗前的人也差不了多少。

MOSCOT
眼鏡 ——————————— 全 Facebook 最難懂動態候選人

חדש על הקולב

המותג האמריקאי מקגרגור עושה עלייה לישראל אבל לא מביא איתו בשורה אופנתית, הנעליים של קלארקס מצטיינות בנוחות אבל מפשלות
בעדכניות ומותג המשקפיים מוסקוט כבש את הסלבס אבל בהחלט לא מתאים לכולם. כל מה שחשבנו על הקולקציות החדשות שנחתו השבוע
בחנויות

מוסקוט

מה מוכרים לנו? את מותג משקפי הפרימיום הניו יורקי
Moscot, שנכנס לראשונה לישראל. המותג, שהוקם בניו יורק
בשנת 1925 על ידי מהגר יהודי והפך לסיפור הצלחה בינלאומי
הנמכר ב-80 מדינות מסביב לעולם, משווק בישראל על ידי יונתן
פירסטנברג, אחיה הצעיר של השחקנית חני פירסטנברג.
מוסקוט נישא על גלי תחתילה של סגנון הוינטג׳ ומראה הגיק-שיק
השולט במסגרות המשקפיים כיום, וכן על שלל הידוענים שחובבים
אותו, בעיקר שחקני קולנוע כמו מישל וויליאמס, ג׳ק ג׳ילנהול וג׳וני
דפ, שלא מסיר את משקפי המותג מהחוטם היפה שלו. בעידן של
תאג׳ידי אופנה גדולים, הצליחה במוסקוט לשמור על הצביון המשפחתי
של המותג, שדגמיו מעוצבים על ידי בני הדור הרביעי של המשפחה,
רובם העתקים מקוריים של הבסט סלרס שעוצבו במותג מיום הקמתו
ועד אמצע שנות ה-80. השמות היהודיים של הדגמים - זאב, מזל,
אייזיק, קליין, מוריס, ג׳ייקוב ועוד - רק מוסיפים למורשת.
האם קנינו את זה? השילוב בין מורשת ענפה של מותג, סגנון
היפר-קולי ומחירים הוגנים בגזרת משקפי הפרימיום, הופכים את
מוסקוט למוצר מנצח.
כמה להוציא? 1,400 שקל - מחיר ממוצע למסגרת משקפיים.

ג׳וני דפ במשקפי מוסקוט. לא מסיר אותם מהחוטם היפה שלו (צילום:
(gettyimages

MOSCOT
X 網
以色列
2013 年 4 月

新消息
⋯⋯繼續閱讀

Like · Comment · Share · April · ⏱

　　美國這間小公司在 Facebook 上的表現通常都很不錯，但這則凸顯自家產品在以色列網站上受好評的貼文，卻出現不少關鍵錯誤。

> **文字之外，還是文字，文字的問題一堆：**首先，強尼戴普（Johnny Depp）的照片旁邊，附有兩種語言的圖說，包括希伯來文和英文（英文要花點時間找）。Facebook 不是讓你用文字塞滿畫面的地方。

> **無法理解的文字：**其次，我們直接看到的內文是用希伯來文寫成的，某種層面上而言還算吸睛，配上強尼戴晉的圖片，讀者可能會想往下看，但不會看太久，大部分粉絲一發現自己完全看不懂頁面內容，就會停下來了。這是一間美國公司，大部分的粉絲都是美國人，很少人會再往下找到品牌的大頭貼下方的「繼續閱讀」按鈕，點進去看英文翻譯。此外，不管是英文還是希伯來文，都不應該在 Facebook 上發超過一千字的文章。

　　還有一點，不管是這則動態或是 Facebook 專頁上的任何東西，Moscot 都會自己按讚，這真的超級廢，Moscot，拜託你別再按讚了。

UNICEF
聯合國兒童基金會 ———————— 一口氣説太多、講太快

UNICEF
想知道凱蒂・佩芮最近做了些什麼嗎？

她跟著我們到馬達加斯加，希望喚起大家對世界貧苦國家兒童的重視，這群孩子正逐漸從政治衝突中恢復。

「我在這不到一個禮拜中，從擁擠的城市貧民窟到最偏遠的鄉村，大開眼界，看到這個地方有多麼需要健康的環境——營養、衛生，還有避免強暴和虐待的措施，這都是聯合國兒童基金會介入協助的部分。」

我們知道透過她的到訪，能讓更多人聽見馬達加斯加的孩子們的需求。

請把這則貼文分享出去，或在底下快速留下一句「謝謝」或任何留言，協助我們把消息傳出去。

謝謝妳，凱蒂！

© UNICEF/NYHQ2013–0169/Holt
Like · Comment · Share · April 7

這則以名人為中心的發文，顯示忽略細節確實可能毀掉你的內容。

> **好的意象**：聯合國兒童基金會在意象上下很多工夫，他們一一檢視流行文化人，選中了最佳代言人──美國女歌手凱蒂‧佩芮（Katy Perry）。照片中的凱蒂掛著燦爛微笑，身穿基金會上衣，跟鄉村女孩玩跳繩，十分吸引人，可以提升品牌知名度。

> **笨拙的內文**：問題出在文案，第一句話寫著，「想知道凱蒂‧佩芮最近做了些什麼嗎？」好問題，振奮人心，吸引粉絲，但基金會用答案毀了這個問題。

這則動態應該就停在第一行文字，附上連結，讓問題懸在那裡，更能吊讀者胃口，引誘他們繼續跟著聯合國兒童基金會沿路放的數位版麵包屑，像童話故事《糖果屋》（*Hänsel und Gretel*）中的小孩一樣，一路走到基金會官網，看基金會描述他們在馬達加斯加（Madagascar）和其他國家做的各種人道活動。直接把答案放在貼文上，破壞了整則動態的活力跟設計感。

這是一記擦身拳，只需要小轉個彎，這記刺拳就能命中紅心。

LAND ROVER
荒原路華 ———————— 是要去哪裡？

　　我第一次看到荒原路華這則貼文，就想把它給刪了。但我又仔細多看了幾眼之後，才發現它背後的意義，我開始懷疑這則動態的問題，是不是導因於企業不願意全力支持創意團隊的努力。

Land Rover USA
我們快完成最新的特別企畫了，最後一部分，缺的就是你。請寄一張你的大頭照（護照規格）到 landroversocialmedia@gmail.com，就有機會成為主角。

想多了解我們的企畫，請到：http://ow.ly/hCIyo
Like · Comment · Share · March 5

> **沒有標明品牌：**我沒有別的意思，但是整體執行的方式很奇怪。想像一下你在即時動態上看到這則貼文，你看到一個女生拿著望遠鏡盯著你看，但圖片上完全沒有品牌商標，也沒有明顯的文字說明，你如果不停下來瞄一下下面的圖說，根本不知道這則動態想表達什麼。

> **錯誤的連結：**我們知道這是荒原路華的動態、知道他們有特別的企畫，他們希望我們把大頭照寄到 landroversocialmedia@gmail.com。文字夠短又有重點，這方面他們做得不錯，但接下來，他們意外地做出卓率決定：為什麼不是用荒原路華的內部信箱 .landrover，而是用 Gmail？此外，讀者根本不知道他們所謂的「護照規格」是什麼，因為他們用的那張照片、一個半張臉被望遠鏡遮住的女生，根本不符合護照規格。不過也許規格根本不重要，因為點開下面的連結，我們看到更多關於這個企畫的內容，完全沒有提到對護照規格的要求。

> **連結連不到網站：**上述缺乏一致性的問題跟最後一個問題比起來顯得微不足道。最慘的是這個連結把我們從一則 Facebook 動態直接帶到……另一則 Facebook 動態。這件事情顯示創意團隊並沒有得到足夠的金錢或管理上的支持，他們連好好為這個企畫架設網站都做不到。

　　如果是新創公司展現充滿鬥志的企業家精神、以有限的資源成就企畫便值得推崇，但像荒原路華這種販賣高價產品的公司，不應該出現這種情況。

STEVE NASH
史帝夫 · 奈許 ──────── 失常令人失望

Steve Nash
April 10

各位，快在行事曆上做標記──慈善足球賽回來啦！紐約場次一如往常，訂在美國職籃選秀前一晚，今年是在 6 月 26 日，星期三。7 月 14 日，慈善足球賽將移師洛杉磯，這是本慈善足球賽第一次在洛杉磯市區舉辦。快來看幾個我最喜……繼續閱讀

Like · Comment · Share   👍 366 💬 35 📄 14

Steve Nash
April 10

各位，快在行事曆上做標記──慈善足球賽回來啦！紐約場次一如往常，訂在美國職籃選秀前一晚，今年是在 6 月 26 日，星期三。7 月 14 日，慈善足球賽將移師洛杉磯，這是本慈善足球賽第一次在洛杉磯市區舉辦。快來看幾個我最喜……繼續閱讀

我把這則動態當成書中案例的原因很可能只有一個，就是我親愛的朋友奈特（Nate）超討厭奈許，因為奈許背棄了他最愛的鳳凰城太陽隊（Phoenix Suns；譯註：奈許是美國職籃明星球員，2013年從鳳凰城太陽隊跳槽到洛杉磯湖人隊），而我也很高興可以藉出書的機會來損一下奈許。但說是這樣說，客觀來看，這也確實是很糟糕的一則貼文。

到目前為止，奈許一直把社群媒體經營得挺好的，他懂得尊重各個平台，也知道要怎麼抓住粉絲目光，但他這次實在太失常了，讓我忍不住懷疑他是不是在鳳凰城有很強人的社群媒體顧問，卻沒有一個肯跟他到洛杉磯。這則貼文的目標是宣傳史帝夫・奈許基金會（Steve Nash Foundation）的慈善足球賽，這場慈善足球賽請到世界各國的足球好手和美國職籃球員同場較勁。

> **沒有為平台量身訂做**：任何人來到奈許的粉絲專頁，就會被邀請到史帝夫・奈許基金會舉辦的「善足球」，如果他們是用手機看的，那他們就只能看到「足球」。你必須要很清楚更新動態的藝術，顯然奈許的公關團隊中，有人不了解這一點。

> **壞掉的連結**：動態上的外部連結沒辦法連出去，代表奈許期待自己的粉絲把連結剪下、貼上，連到慈善足球賽的網頁。我跟你保證，絕對沒有人會這麼做，真的可惜了那麼漂亮的網站，還有整個活動背後酷炫的美意。

> **沒有管制垃圾留言**：最後，我們又碰到垃圾留言了。留言串中充滿廢言，就是有一群人跟瘟疫一樣，喜歡用明星的粉絲專頁替自己或公司打廣告。粉絲專頁的管理員應該更努力攔截這些垃圾回應。

這些錯誤只能歸咎於不細心或是懶散，奈許的粉絲值得更好的動態。

AMTRAK
美國國家鐵路客運公司 ——————— 化腐朽為神奇

Amtrak
銀河號列車上有兩張椅子，快來標記你最想和誰一起從紐約到邁阿密吧！
Like · Comment · Share · April 5

　　我每次都搭美鐵，而這則 Facebook 貼文讓我慶幸自己是他們的客戶。我愛這則貼文，這是我這麼久以來看到最好的刺拳之一。最棒的是，他解除了我的疑惑，讓我更清楚社群媒體能做什麼、不能做什麼。

> **把腐朽用得很好**：兩張火車座椅，就這樣，無聊、容易被遺忘，你要超級聰明才有辦法把這種照片變成有趣、激勵人心的貼文。我都把像這兩張椅子一樣的材料稱為「腐朽」──老是在你身邊、你或許已經視為理所當然的東西。

> **遊戲化**：美鐵不只善用腐朽，還把它遊戲化。標註你理想中的旅伴──這個有趣、聰明的挑戰，觸動人心（雖然像這樣的大哉問，往往引來不可靠的答案）。這種行銷手法利用 Facebook 的特色，每一個收到通知、發現自己被標記的人，會馬上看到美鐵這個品牌，這是一個增加品牌知名度的好方法，甚至可以對還不是粉絲的人行銷。

> **真實性**：很明顯可以看出這則動態的確有人在管理，因為當粉絲把小賈斯汀（Justin Bieber）列為自己最想要的旅伴，美鐵馬上回覆，「那他的緋聞女友席琳娜要去哪裡？」美鐵只用了一句話就讓大家知道，他的員工是現代人，和我們一樣、跟著時代潮流走、有幽默感，而且真的在乎自己的顧客。

　　硬要雞蛋裡挑骨頭的話，美鐵的問題是選了兩張很破舊的椅子。這兩張椅子上次翻新大概是 1964 年吧！就是他們剛做好的時候。這點讓我想到很多行銷人員對社群媒體有所誤會，社群媒體不是遮瑕妝，不管你有多亮眼、聰明或真實，你的缺點都無處可躲。有些人可能會喜歡這種復古風，但是有很多人會覺得這椅子一點都不吸引人，美鐵如果能選比較新的椅子或是先後製再上傳會更好。這個美感上的缺陷，是這記完美刺拳唯一的小瑕疵。

BLACKBERRY
黑莓機 ——————— 別忽略小細節

　　我和我的團隊想了好幾分鐘才參透這則動態，我們很喜歡它背後的故事，但也意識到，如果要了解黑莓機想表達的意義那麼困難，這則故事大概無法勾起群眾的興趣，畢竟多數讀者思考的時間不超過一秒鐘。

BlackBerry
只要有黑莓平衡服務（BlackBerry Balance），工作和生活是有可能達到平衡的（鬆一口氣吧！）：http://blck.by/Ytb4213

Like · Comment · Share · April 2

> **差強人意的說故事技巧**：我了解黑莓機想表達什麼——黑莓 Z10 雙機合一，一個是為了工作，一個是為了玩樂。如果你點開下面的連結，就會連到 Youtube 上非常炫的影片，具體描述這支手機有多特別。此外，你還會找到另一個連結連到這支手機的零售網站。然而，雖然黑莓機選對圖，這張圖片會在眾多訊息中脫穎而出，但是圖片本身不足以把故事說清楚。為什麼不放一張大人看小孩在足球場上一字排開的照片，配上另一張同個人在辦公室裡的影像？在原本這張圖片中，你必須要很仔細才會發現左右圖的差異，而且底下文字寫的是「工作和生活要達到平衡」，螢幕的順序卻是左邊放生活，右邊談工作，這點做得很隨便。最後，人們整天在看螢幕，現在他們要在螢幕上看螢幕？對一間行動裝置公司而言，這實在了無新意。

黑莓機如此努力推銷這個產品，在社群媒體上說故事是對的，但他們應該更仔細處理執行面上的細節。

MICROSOFT
微軟 ──────── 乘風破浪

Microsoft
快來替今天剛宣布要拍續集的《海底總動員》上色吧！雖然要到 2015 年才會上映，但是你可以在 Fresh Paint 上找到《海底總動員》模組，與尼莫快樂共游！ http://msft.it/6034nN1J
Like · Comment · Share · April 2

　　微軟隨著時代的潮流乘風破浪。看到這麼無聊、不性感的公司展現他們有創意、有趣的一面，也挺好的。

> **連結用得好：**微軟這一記振奮人心的刺拳是用來推銷繪圖應用程式 Fresh Paint，這款應用程式讓你用調色盤在內建範本、自己的圖片或照片上「畫畫」。粉絲只要點擊尼莫（Nemo）和多莉（Dory）下方的連結，就可以連到微軟兩個月前寫的部落

格，繼續閱讀關於這個應用程式的內容。這則動態告訴我們微軟跟皮克斯（Disney-Pixar）合作，在 Fresh Paint 上設計出「海底總動員組」，裡面包含所有《海底總動員》（*Finding Nemo*）原始圖和對應的塗料顏色。微軟抓住皮克斯宣布將拍攝《海底總動員》續集的機會，推銷自家軟體。

> **有品質、價值和真實性**：這則貼文顯示微軟創意人員的用心，他們留意現在的對話模式，並運用這樣的模式與人溝通。此外，影像品質、輕鬆的語調和帶給社群的價值，都讓這則動態更值得褒獎。不管是在這則動態中，或是在部落格上，微軟看似是真心為這個應用程式和這部新電影感到雀躍。如果有更多公司可以這樣善用 Facebook 就好了。

ZEITGEIST
時代精神 ——————— 丟失嬉皮魂

這則動態出奇地糟，嬉皮的朋友曾告訴我，「時代精神」是舊金山最好的嬉皮酒吧，諷刺的是，發文者只要有基本的「嬉皮技巧」，就能輕易避開這記刺拳中所有的問題。

> **低 Facebook 價值**：首先，這則動態的價值除了把粉絲引導到 Twitter 外，沒有任何價值。沒有內文，只有一堆 Twitter 主題標籤。主題標籤已經滲透我們的生活，人們開始在日常動態甚至對話上，把主題標籤當成諷刺的工具，它們是 Twitter 和 Instagram 用戶的最愛，這兩個平台上充斥著主題標籤，現在 Facebook 也想跟進。或許「時代精神」是刻意把主題標籤融入發文，但在這裡可行不通。

> **錯誤的貼文格式**：第二點，這是一則連結動態，而在這則動態發布的時候，連結動態的表現遠不如圖片動態（雖然未來情勢可能改變）。不過在這個案例中，就算改成圖片動態也救不了這則貼文，說不定還更糟。

> **糟糕的照片**：點擊連結後，我們會連到「時代精神」的 Twitter，「時代精神」在上面推了一張照片，照片背景八成是俄羅斯釀酒廠的試酒活動，一群人坐在一排啤酒的旁邊，但是照片實在既暗又模糊，幾乎看不清楚。這有違常理，「時代精神」是嬉皮品牌，他總是提倡現代科技，而攝影已經快變成一種社交工具了。這不是一張出色的照片，甚至不是一張好照片，而是你通常會刪掉重拍的那種。「時代精神」讓這種次等品登上自己的專頁，等同於宣告自己其實不太懂科技，不如他的客人那麼酷、那麼嬉皮。這種貼文衍生的意義，可能毀了一家公司。

TARTINE BAKERY
烘焙坊 ——————— 一團焦炭

  Tartine Bakery 是舊金山十分熱門的咖啡廳與糕餅店，它出了兩本讓全國讚嘆、驚豔的食譜。然而，他們的 Facebook 卻顯示他們跟其他企業家、公司和《財星》五百大公司一樣，願意為自己已熟悉的行銷平台投資金錢和心力，卻不願意把創意和策略應用到當代平台上，即便知道粉絲們都在用這些平台依然沒有做出調整。這則動態的缺點實在是罄竹難書，多到我得礙於版面大小，修改評論。

 Tartine Bakery · 11,903 like this
November 30, 2012 at 12:49pm · 🌐

👍 Like

TARTINE 吧（附連結！）提供：漢堡、奶昔和來福愛心抽獎券（Raffle Fundraiser；譯註：來福愛心抽獎是美國慈善抽獎活動，規則與一般樂透抽獎類似，但限非營利組織舉辦，適用法條不同於營利事業舉辦的抽獎活動）
http://p0.vresp.com/SrcYLc #vr4smalibiz

> **資訊不清楚**：Tartine Bakery 在粉絲專頁上發這則動態，其實是為了推銷 Tartine 的姊妹餐廳——Tartine 吧（Bar Tartine）舉辦的活動。自家店面互相宣傳活動沒有問題，但是他們應該要講得非常清楚，這不是烘焙坊的活動，畢竟大部分的粉絲到這個粉絲團來，都是衝著烘焙坊來的。

> **詭異的內文**：他們寫：「TARTINE 吧（附連結！）提供……」這是什麼奇怪又糟糕的句型啊！而且這顯然在告訴大家，Tartine 的人員覺得自己的粉絲笨到不知道文末那串藍色的外部連結是什麼。

> **無關的主題標記**：那個主題標籤是在幹麼？既然這則動態不會把我們帶到 Twitter 去，擺一個主題標籤的用意是什麼？

> **沒有圖片**：這則動態的視覺效果差到極點，Tartine 要宣傳的是以食物為主軸的慈善活動，他們就不能放些美食圖片或其他酷照，刺激我們的味蕾、讓我們興奮一下嗎？

第四個錯誤或許能解釋第三點，Tartine 不只沒有附上圖片宣傳這個慈善活動，看來他們還把原有的圖片給刪了！當你在動態上打上外部連結，內文下方會自動出現圖片預覽，但在這則動態中卻沒有看到任何圖片。會發生這種狀況只有一種可能，就是有人刻意選擇不要附圖，如果你在網址列輸入那個外部連結，連到活動網站，答案呼之欲出。網站上放著史上最難看的漢堡圖片，生菜的形狀像恐龍，還是螢光綠色；那片肉，乍看就像幾片用漿糊黏起來的紫色萵苣，中間閃著紅光，好像核能意外即將發生，肉上面還爬著幾隻螢光綠色的毛毛蟲，八成是酸黃瓜。真的是噩夢，難怪 Tartine Bakery 不想要那種照片出現在粉絲專頁上，但這就衍生出一個問題：他們為什麼不介入，給製作網站的慈善團體一點藝術上的協助呢？

> **頁面管理不夠**：最後，回到粉絲專頁上，動態底下只有四則回應──全部是垃圾留言，無疑是雪上加霜。

TWIX
特趣巧克力 ——————— 找樂子

　　特趣使出漂亮的一記刺拳，但他們沒有把品牌商標放在圖片中很可惜，我不斷重申，消費者滑手機的時候，會非常迅速地滑過這些照片，快到他們很容易看到圖片也不知道是誰發的文。雖然有美中不足的地方，但是特趣巧克力棒實在太特別了，大部分的人應該都能馬上認出來，在這種情況下，沒放商標也還可以接受。

Twix
假如一根特趣在森林裡斷裂，而附近沒有人聽見，它聽起來是否依然可口？
— with Teko Imnadze, Adriana Aulestia and Keisha Hill.

Like · Comment · Share · April 8

> **聰明的說故事方式、堅定的語調、善用流行文化**：特趣之前在電視廣告裡，經常放送特趣斷成兩半的清脆聲響，在這則動態中，他們利用知名的「假如一棵樹在森林裡倒下，而沒有人在附近聽見，那它算不算有發出聲音？」的哲學謎語，加強故事效果。這是很可愛的構想，內文顯示發文者對品牌獨特、逗趣的聲音很有感覺，特趣在說故事的時候，技巧性地把自己的品牌跟流行文化用語融合，證明了一則跟讀者互動的貼文，有多吸引客人。當特趣使出致勝右鉤拳的時候，這些顧客應該會很樂於回應。

COLGATE
高露潔牙膏 ——————— 毀了一篇好文

> **吸睛的內文：**「你知道嗎？」每個字都粗體很吸引我。我會喜歡高露潔牙膏的貼文，或許是因為我從小就是 ESPN 體育中心（*SportsCenter*）的粉絲，而紐約市科爾蓋特大學（Colgate University）很常出現在比賽中。無論如何，這都是一則短得剛剛好的精簡貼文，再次重申高露潔多麼希望能在重視健康和全方位生活的社群中，扮演重要角色。不幸地，這麼好的內文卻搭配一張一看就是從圖庫抓來的圖片。這張平凡、沒有特色的照片，終結了公司加深品牌形象的機會，毀掉了有力的文字開頭。有趣的是，這則貼文還是引發強烈迴響，我想這都要歸功於文案。高露潔如果把品牌商標跟內文直接放在照片上，或許能獲得更多回應，甚至引起流傳。不過以現在的樣子，這則動態頗無趣的。

Colgate
你知道嗎？

研究顯示，自願幫助別人的人，真的會更快樂！

Like · Comment · Share · February 6

KIT KAT
奇巧巧克力 ——————— 時間不對

　　這則動態近乎完美，只有一個小小小小小的問題，但那個問題卻會影響貼文的廣度與影響力。

> **美感、語調、商標、內文——無可挑剔**：2013 年美式足球超級盃在星期日舉行，這則動態是在賽前的星期五發的，奇巧的動態有趣又有創意，圖片和藝術設計配上完美的宣傳語調，讓這則全球性的對話多了娛樂效果。奇巧在圖片右下角放上品牌標語，巧妙取代品牌商標的功能，這點值得各家公司學習，品牌應該多使用自己的

SUPER BREAK

XLVII

Have a break, have a Kit Kat.®

Kit Kat
這個星期天，來根「超級脆」吧！

Shahid, Asim Malik, Nidula Athulathmudali, Ivan Franco, Nyo Ya Lin and Mailka Aslam. — with Waqas Ahmed Choudhry, Malik

Like · Comment · Share · February 1

標語，經常將標語融入社群媒體行銷中。奇巧把自家巧克力用得又巧又顯眼，內文、關鍵句和品牌標語相互呼應，跨越全球文化藩籬，一體適用，唯一的問題就是貼文時間。

> **未經思考的發文時間**：2013 年的超級盃，由巴爾的摩烏鴉隊對上舊金山四九人隊，奇巧發文的時間，是東岸的早上六點，基本上早上六點的發文都會被洗掉，因為只有早起的鳥兒看得到。好吧！或許會有不少烏鴉隊的粉絲在進行早晨例行公事——滑 Facebook，在昏沉中看到這則動態，所以不完全算是浪費，但是舊金山四九人隊的粉絲呢？發文上線的時間是舊金山早上三點，媽呀！早上三點連我都在睡覺。（當然是我家的小嬰兒讓我睡的時候啦！）奇巧發這則動態的時候，西岸沒有人在上 Facebook，這是品牌因為不了解社群媒體用戶的心理和行為，削弱行銷力道的經典案例。這個個案真的很可惜，因為奇巧在這個行銷競技場上的表現，強到其他公司應該以他們的刺拳為典範。

LUKE'S LOBSTER
路克的龍蝦店 ———————— 缺商標

　　只有我的老婆小莉知道我有多愛這家店——我們曾經連續四天吃這家餐廳。路克的龍蝦店為這則動態設計了不錯的內文，但是一年三百六十五天，這間餐廳的時間軸上幾乎天天都是龍蝦捲，如果母親節能來點有「媽媽味」的東西，效果應該很好。他們錯過了這個機會。

　　還有一個更大的問題在於趕時間隨意瀏覽的讀者，很可能以為這是鱈魚角洋芋片（Cape Cod Potato Chips）的動態。很多公司在 Facebook 或 Instagram 上發文的時候，會摻雜其他品牌的產品，這件事本身不是問題，但前提是你要把自家的商標放在明顯的位置。這點很重要，每次貼文都必須做到。

Luke's Lobster
看到諾亞方舟龍蝦餐，我們第一個想到的就是要跟媽媽分享。母親節快樂！

Like · Comment · Share · May 12

DONORS CHOOSE
慈善組織 ———————— 出色的嘗試

　　很多非營利組織會在社群媒體上猛發垃圾訊息，像是「小韋恩好帥」（請見第八十八頁）。我要求企業的動態要具備某些品牌元素、注重細節，底下這則動態並沒有做到，但是大部分的非營利組織都只會揮右鉤拳，在 Facebook 上要錢或邀請大家參加募款活動，讓我想特別表揚使出刺拳的 Donors Choose。他們算是很常發刺拳動態，我不了解這個組織，也不知道他們怎麼運作，但這則引言的主軸看起來是恰當的，和他們的目標也有關聯。當然啦！這句話很空泛，但誰知道呢？也許他們看了這本書以後就知道要怎麼讓內容更上層樓。人們一般期待能從非營利團體感受到最強烈的人性，如果 Donors Choose 想更上層樓的話，應該多花一點心思管理社群（現在幾乎沒人在管）。

"Children must be
taught how to think,
not what to think."
　　　　-Margaret Mead

DonorsChoose.org
Like · Comment · Share · June 3

INSTAGRAM
教學個案中的反例

Instagram
義大利的威尼斯每兩年都會當一次全球藝術中心。威尼斯雙年展創辦於 1895 年，是世界主要的當代藝術展覽，重要性之高，可說是藝術界的奧林匹克運動會。今年參展的八十八個國家都挑選出最強的藝術家，在國家展覽館跟宮殿中，展出精緻的作品。現在展館已對外開放，預計在 11 月 24 日、雙年展閉幕前，會擁入三十五萬名遊客。

想看雙年展的第一手畫面，記得訂閱以下幾個 Instagram 用戶的專頁：
* 中國藝術家艾未未（http://instagram.com/aiww）
* 巴西藝術家維克 · 慕尼茲（http://instagram.com/vikmuniz）
* 美國藝術家湯姆 · 薩克斯（http://instagram.com/tomsachs）
* 法國藝術家 JR（http://instagram.com/jr）
* 獨立記者艾瑞卡 · 福波（http://instagram.com/moscerica）

Photo by @giariv
http://instagram.com/p/Z-vf5UxqeE/
Like · Comment · Share · June 9

毫無意外地，Instagram 的 Facebook 專頁充滿令人驚豔的圖片，這則動態中的圖片底下，列出一群 Instagram 用戶，他們在威尼斯雙年展（La Biennale di Venezia）上，展出自己美豔的作品。然而，這則動態本身卻顯示 Facebook 在買下 Instagram 之後，並沒有特別教育新員工如何在自己的平台上，當個好的說書人。Facebook 的子公司怎麼會發這種塞滿文字的貼文？這一堆文字像課本內文一樣枯燥，沒有關鍵句或亮點，帶給讀者的感受也和課文相去不遠。

CONE PALACE
甜筒皇宮 ———————— 好吃

Cone Palace
好一個經典款，大家都愛香蕉船。☺
Like · Comment · Share · June 19

My 5 Day Forecast Updated: Apr 25, 2013, 6:10am EDT

			CHANCE OF RAIN:	WIND:
Today Apr 25		**54**°F **35**°F	20%	WSW at 17 mph
Partly Cloudy				Details
Fri Apr 26		**62**° **44**°	0%	S at 11 mph
Mostly Sunny				Details
Sat Apr 27		**65**° **49**°	10%	SE at 6 mph
Partly Cloudy				Details
Sun Apr 28		**65**° **50**°	10%	SSE at 6 mph
Partly Cloudy				Details
Mon Apr 29		**71**° **54**°	10%	S at 8 mph
Partly Cloudy				Details

Cone Palace
你看過未來五天的天氣預報了嗎？！我們超興奮的！！
Like · Comment · Share · April 25

　　我要感謝「甜筒皇宮」給我這個機會，深入評論到位的微故事策略。「甜筒皇宮」位在美國印第安納州的科科莫（Kokomo），我沒有吃過所以不能評論他們的食物，但是如果老闆對食物品質和口味的堅持和建立 Facebook 行銷策略一樣用心，那就不難理解他們為什麼能從 1966 年至今屹立不搖。

　　「甜筒皇宮」一創立粉絲專頁，就透過宣傳大活動跟開出九折優惠，吸引了約兩千名粉絲的加入。人們加入可能只是為了成為社群的一員，但是他們選擇留下來，大概是為了好動態。「甜筒皇宮」的發文標準很高而且明確，他們發文前一定會問自己：「假如我是讀者，我會分享這張照片嗎？」如果答案是否定的，他們就不發那則動態。這點值得所有行銷人員效法，千萬不要覺得客戶的標準和期待會比你自己來得低。

　　「甜筒皇宮」發的動態不複雜，只有兩種——一種是自家食物的照片，搭配文字宣布特餐或是新餐點；另一種是借用地區性事件（包括大家的生日）、天氣或是節日為主軸來行銷。極度崇尚數據分析的人或許不吃「甜筒皇宮」這一套，「甜筒皇宮」計算報酬率的方法有時候挺不專業又不科學，但是當他們貼出漢堡和薯條的照片，粉絲就會留言說自己已經等不及要來吃午餐了，從這點來看，要說他們的行銷內容有效提升銷售量，應該也不為過。

　　那麼他們上傳了哪些內容呢？一開始，員工是用智慧型手機拍照上傳，但後來他們發現只要放上品質特別好的照片，吸睛度跟互動度都會飆升，所以他們請來專業攝影師替他們拍攝所有食物的照片。

　　我不敢說每一間公司——特別是那種家庭式小店——都必須雇用一個專業攝影師為他們的社群媒體內容拍攝產品照片，畢竟成本太高，不過我私下期待每間公司都能這麼做。事實上，有願就有力，例如以物易物就是一個好方法。回想起來，我當年經營酒類生意的時候，其實也可以用紅酒交換攝影師的專業，請他替我拍攝酒標。鞋子業務員、律師、電工或房仲等規模不大的公司，可以用產品或服務交換另一種產品或服務，例如專業攝影。專業攝影是很好的投資，可以帶來明顯的不同。翻到後面看看 Arby's 速食連鎖餐廳貼在 Pinterest 上的三明治，想想你會比較想去那裡吃，還是去「甜筒皇宮」？

　　不過「甜筒皇宮」還是可以做得更好：當一艘香蕉船漂過人們的動態新聞頁，如果圖片底部或是左上角有甜筒皇宮的商標，讓消費者看到會更好。這件事我講到爛了，**記得在你的照片中加上品牌商標！**

　　「甜筒皇宮」走過半個世紀，總是不停地創新、演進，讓我們給他一個讚吧！

REGGIE BUSH

雷吉 · 布希 ──────────── 有人味

Reggie Bush
如果你對划船有點了解,這是我今天的戰績。不錯吧?

Like · Comment · Share · April 12

　　我就直說了,要不是雷吉已經從邁阿密海豚隊跳槽到底特律雄獅隊了(譯註:
兩者皆是美式足球隊),我絕對不會用他當例子。我超討厭海豚隊的,不過反正他
現在是雄獅了,我就可以跟他來個友誼之握,他值得。

每一個名人的粉絲頁都應該像他的一樣,充滿人情味和同理心。我很喜歡雷吉的 Facebook 時間軸,上面滿是激勵人心的引言、家庭照、對他崇拜的人(不一定是名人)大聲表白、個人反思和鄉間小語。他全力經營 Facebook 內容,讓他在網路上看起來格外人性化。這個個案中的照片並不完美——其中一個數字被光點蓋住,但他善用這張照片和社群互動,把它轉變成完美的刺拳,為未來將擊出的右鉤拳累積能量。

我想送個禮物給較早讀這本書的朋友:2013 年 12 月 16 日,星期一晚上雷吉·布希有一場球賽。如果你在那之前讀到這篇文章,請在行事曆上標記這場賽事,看完後,請在 Twitter 上用 #JJJRHreggiebush 為主題標籤,回覆我(@garyvee),並告訴我你對雷吉 Facebook 動態的想法。我會隨機抽選三到四位回覆我的朋友,致贈一件他們最喜歡的美式足球員的球衣。

在 Facebook 上建立微故事時，請先問自己：

篇幅會不會太長？

內容是否夠振奮人心、有趣或驚人？

照片品質夠不夠高？是否夠吸引人？

品牌商標夠不夠明顯？

貼文形式是否適當？

行動呼籲有擺對地方嗎？

一般人都會覺得這則貼文有趣嗎？

要求大家看這則動態會不會太過分？

ROUND 4
在 Twitter 留意傾聽

- 2006 年 3 月創立
- 2012 年 12 月時，全美國超過一億用戶，全世界用戶超過五億[1]
- Twitter 是一群人在舊金山某個遊樂場的溜滑梯台階上，腦力激盪的成果[2]
- 為了向波士頓塞爾提克籃球隊的前球員賴瑞 · 柏德（Larry Bird）致敬，Twitter 商標——藍色小鳥的官方名稱定為賴瑞（Larry）[3]
- 捷藍航空（JetBlue）是前幾個利用 Twitter 進行市場調查和客戶服務的公司[4]
- 用戶每秒創造七百五十則推文[5]

提起 Twitter，就像提到自己的孩子，我總忍不住露出愛慕之情。我從 2007 年開始向外接觸客戶，Twitter 自此成為我生活中的要角。我非常外向，幾小時內就能認識一屋子的人，像我這種人來到 Twitter 的一百四十字雞尾酒派對（譯註：Twitter 規定每則推文不得超過一百四十字），用精簡的內容就能迅速和人對話或交換想法，簡直如魚得水。2006 年，我第一次在網上講家族企業——美酒庫——的故事，當時我唯一能用的平台只有 Twitter，如果它要求我像在寫雜誌專欄或部落格一樣，創作落落長的文章，美酒庫絕對不會有今天的成功。Twitter 限制推文長度正好讓我發揮所長，讓我能有今天的成就。

﹀

　　這本書的重點是教大家如何精進社群媒體內容，然而，唯獨在 Twitter 這個平台上，情境遠比內容重要。Twitter 是現代人重要的新聞來源之一，我為什麼說情境比較重要？因為除了一些例外，像是超級微故事——不爽貓〔譯註：原名塔達醬（Tardar Sauce），因為總是一副臭臉而在網路上爆紅〕，品牌在 Twitter 上幾乎不可能靠內容成功。相反地，行銷是否成功端看推文的整體情境多有價值、看你為內容加上多少配備——不管是自創或引用。

　　進入正式說明之前，我必須特別聲明，在我寫這本書的時候，Twitter 正在做調整。Twitter 從行動簡訊服務起家，「簡單」一直是他最美的地方——推文只有兩、三行文字，一個連結，有時加上主題標籤。然而，Twitter 近年開始有了新面貌，它在 2012 年年底併購影音平台 Vine，開始提供六秒循環影片（looping video）的服務，同時推出其他創新服務，像是「Twitter 卡」（Twitter Cards）讓你可以直接在推文上附照片、影片和音樂，希望和 Facebook、Pinterest 一樣，融合較豐富的視覺效果。這些加強視覺效果的功能，讓企業可以在 Twitter 上使出創新、獨特的花招，例如，你可以在推文中放一片拼圖，並且宣布只要超過一千人轉推，你就會再放下一片，

等到所有的拼圖都推完了，你會公布誰能得到 25 美元的消費禮券。在這種為行動裝置而設又充滿驚奇的媒介上，探索新的行銷手法，揮出有創意的刺拳，應該很有意思。

但這些改變都還處於現在進行式，而且我也不確定 Twitter「Facebook 化」，對那些還沒有在 Twitter 上建立粉絲群的品牌會造成多大的影響，畢竟平台再怎麼高聲疾呼，也沒辦法迫使行銷人員改變操作平台的方式。不過，我倒希望他們看完這章後會做出改變。

行銷人員使用 Twitter 時，最常見的錯誤是把它當成連往部落格的入口，只貼外部連結，帶大家去看另一個平台上的內容。他們還經常在 Twitter 上自吹自擂，最常見的方式就是轉推別人對品牌的稱讚，我都把這種「自以為謙虛的白誇模式」稱為「自誇鳥」（birdiebrag）。這兩種右鉤拳在適當的情況下確實派得上用場，但現在已經被濫用了。在 Twitter 上，願意聆聽並給予的人才能得到回饋，而不是那些要求和索取的人。很多人討論怎麼在 Twitter 上賣東西，卻很少人討論如何提高觀眾的參與度，讀者瀏覽 Twitter 時，往往得吞下一堆讓人麻痺的右鉤拳。然而，Twitter 是網路上的雞尾酒派對，是所有平台中參與度和社群管理威力最大的地方，認真傾聽的人就能創造龐大利益。

編織專屬於你的故事

如果說大家上 Facebook 是為了交換友誼，那上 Twitter 就是為了新聞和資訊。你會在 Twitter 上看到八十五個人或品牌異口同聲地宣告「布裘戀又有新結晶」，或是「奧克拉荷馬州再度被龍捲風襲擊」。每個人都可以獨立報新聞，和你的產品或服

務相關的推文，只是大家上線時看到的眾多資訊中的一筆，要讓你的推文看起來有特色、能吸引別人注意，就要打造獨特的推文情境。Twitter 上的即時新聞和新聞內容或傳播訊息無關，重點是在播報方式，新聞本身是沒有價值的，但是行銷人員如果可以有技巧地編織、闡述、重組故事，用自己獨到的方式說給別人聽，那就可以講出比實際新聞更有力、讓人印象深刻的故事。

例如，身為明尼蘇達州最大城市——明尼亞波利斯（Minneapolis —的電影院，你可以發布以下推文：「正夯——《明星論壇報》（Star Tribune）刊登布萊德利·庫柏（Bradley Cooper）新片影評。」這是常見的推文方式：內容短短的，附上網站連結就完成了。但在使出刺拳的時候，何不多花點心思？與其講述無聊的事實，何不用不同的說法讓人眼睛一亮？把推文改成「《明星論壇報》瘋了，這根本是爛片！」附上連結，是不是更有趣？這記刺拳會有力得多。批評自家產品會減少銷量嗎？我在「美酒庫電視台」上，給過我家很多支紅酒負評，這麼做反而讓更多人覺得我的話值得信任。如果你還是會擔心，可以寫得委婉一點，留一些轉圜的餘地，例如，「《明星論壇報》愛死布萊德利·庫柏的全新驚悚片了，但我們覺得這是部爛片。讀影評、看電影、來辯論。」接著你就連到部落格，在部落格上，你不只複製影評還提供資訊，告訴讀者你的電影俱樂部每個月聚會的時間、地點。那就會是很棒的一記右鉤拳，你把自己定位成有想法、有趣的電影院，提供客人別致的電影欣賞經驗，這就是大家想看的故事。

娛樂和逃離現實的小確幸在現代社會的價值遠勝過其他事物，消費者想要的不只是資訊，而是「娛樂」資訊。資訊又多又廉價，但用故事包裝過的資訊就很特別了。品牌應該要用現有的內容來編織故事，讓故事很誘人，而不是被動地發一些無聊的內容，感覺像直接端一盤放滿起司塊的食物給讀者。

拓展你的世界

發表論述、找到定位、建立風格就能成功對你的 Twitter 追隨者使出刺拳。但該如何用刺拳刺探對你完全陌生的人呢？

Twitter 除了給人輕鬆的行動經驗外，還有一個異於其他平台的特點，就是讓我們能對全世界發聲。在 Facebook、Tumblr 或 Instagram 上，要遇到新粉絲或潛在客戶只有兩種方法：第一，有人在現實生活中——不管是在課堂上、書上、廣告上或是實體店面裡——遇到，並決定要追蹤你。第二，有客人分享你的貼文，他的朋友看見了，覺得很有意思，決定追蹤你。無論如何你都被隔絕在外，被動地等對方讓你走入他們的生活。就算 Facebook 推出搜尋引擎、開放式社交關係圖（Open Graph；譯註：傳統社交關係圖畫出人與人之間的關係，但僅考慮一般人際連結，Facebook 創造的開放式社交關係圖則是奠定在傳統社交關係圖的基礎上，考量用戶各種公開資訊，包括：照片、事件、地點、頁面等，所畫出的人際網路圖，更容易找到人與人之間的交集），也只是讓你接觸到公開的故事和對話而已，沒辦法接觸拒絕主動公開的人。

然而，Twitter 採取的是開放政策（除了極少數的個人資料），用戶很清楚他們的推文是公開的，而且對他們而言，那正是 Twitter 的魅力所在。Twitter 用戶可望吸引目光，享受自己的推文開啟一連串對話。來自世界各地的陌生人，或許一輩子都沒辦法真正見上一面，卻可以單純仰賴共同興趣，如：海馬或摔角，就能在線上建立堅實的社群。人們喜歡 Twitter 還有一個原因是 Twitter 加強了公司客服，只要消費者提到某個品牌，就會得到回應，因為公司也在 Twitter 上，透過 Twitter 和客人溝通、建立社群。

然而，現實生活中，上述的公司客服只是理想狀態，很多公司還是沒有全心傾聽人們在線上提到他們的內容，他們放棄對品牌形象的控制權，讓對手有機會介入，把對話導向對自己有利的方向。好險現在有本書詳細解釋為什麼 Twitter 有辦法成為公司最有力的客服工具，以及如何把 Twitter 變成最佳客服工具，那就是我的上一本書——《感恩經濟學》。快讀，那是本好書。

　　不（半）開玩笑了，Twitter 真的是行銷人員夢寐以求的工具，因為它讓你主動建立和客人的關係。Twitter 是唯一一個讓你可以直接加入對話，又不讓人覺得你是變態的平台。在這裡，你不需別人批准，就可以展現你有多在乎某個人、事、物，你隨時都可以利用 Twitter 強大的搜尋引擎，找到那些發言內容和你的業務相關的人，就算和業務的關聯性不大也一樣，而且你可以做出回應，在對話中展現你的見解和幽默感，再融入你設計的情境。

　　賣辦公室家具的公司，不需要想太多，就可以找到提到公司名稱或以下關鍵字的人：**工作、員工、雇主、辦公室、書桌、Aeron 人體工學椅、印表機、掃描器**，以及其他和辦公室扯上關係的關鍵字詞。但是，讓我們來想想看，其他和人產生連結的有趣方法，搜尋提到這些關鍵字的人：**死線**（deadline）、**背痛、螢光、歡樂時光**〔譯註：歡樂時光（Happy Hour）是美國餐飲業者為了吸引顧客而提供減價飲料的時段〕、**加薪、升官、週末、旋轉椅**或**雜亂**。

　　像上面這樣用 Twitter 搜尋，就可以找到說故事的對象，包括那些本來就知道你，或那些對和你的業務相關主題有興趣的人。然而，要怎麼找到那些只要認識你就會對你有興趣的人呢？ Twitter 也給你和他們相遇的機會，但前提是

這記右鉤拳如何？

ROUND 4　126

你要知道怎麼搭上潮流的順風車。

攔截潮流

　　每週七天、一天二十四小時都在聊天的線上文化，讓 Twitter 變成創造即時情境和最新內容的潮流設定者，這些情境和內容會變成和社群保持關聯的重要推手。Twitter 這種攔截潮流、自領風騷的能力，是社群媒體中最強大的工具，只是大家還沒有完全了解它。你可以開一個帳號，去追隨世界、國家的潮流，甚至地方熱潮，學會順著潮流使出刺拳，讓你的力道更大，也可以依據狀況或族群特製內容，藉以激起核心追隨者以外的人的興趣，並凸顯你在乎這個平台。此外，你還有一個更棒的選擇是搭別人的順風車，仿效他們的內容，讓你免於每天找新靈感的困擾。你還是得有原創內容，但是在這個情況下，你的原創性已經轉用在設計故事情境上了。

　　在我開始寫這個章節的前一晚，電視上播出《超級製作人》系列影集的完結篇，隔天我上 Twitter 的時候，就和我預測的一樣，《超級製作人》果然是美國前十大火紅話題。在我看來，如果消費者想聊《超級製作人》，那行銷人員應該都奮力要把《超級製作人》用在情境上吧！如果你夠有創意，在 Twitter 上談一個剛熄燈的電視節目，就可以讓你賣出更多糖果、橇棍或起司球。想搭《超級製作人》的順風車，不能只用明顯的關聯，祕訣是找到驚人的連結，例如：七。這個節目連續播放了七年，你的公司七歲了嗎？未來七年你有想做什麼嗎？你的公司名稱裡有七嗎？有一個品牌真的有，那就是 7 For All Mankind，那是一家深受好萊塢名人青睞的高檔丹寧服飾店，有些人暱稱它為「七」（sevens）。我很好奇這家店會怎麼利用天上掉下來的這份大禮，在 Twitter 上行銷，於是我跑去看了他們最近的推文。

《超級製作人》熄燈隔天，7 For All Mankind 的 Twitter 頁面（@7FAM）是有一些跟客人的互動，這點比一般企業做得好，值得嘉獎；也有轉推別人的誇獎，那就不太好了，因為那是「自誇鳥」的行為，太多品牌在做這種事；還有一些傳統的右鉤拳，像是「我愛皮衣」配上產品頁面連結，但除此之外，我找不到任何東西顯示這家公司有在關心時尚界以外的世界。這有點諷刺──還有哪個產業比時尚業更需要追隨潮流？十年內最成功的電視節目之一，在開播七年後吹熄燈號，而 7 For All Mankind 對此隻字未提。他們可以天天和喜歡丹寧服飾的人聊天，但在這個特別的日子裡，他們有完美的機會對不了解丹寧服飾的人說故事，卻讓機會溜走。更讓人失望的是，他們放走的機會還不只這個，7FAM 除了沒搭上《超級製作人》的潮流，從之前的推文可以看出，除了那些和他們相關的新聞，像是抽獎、大放送和特賣會，他們完全沒有在關心新聞和時事動態。

　　7 For All Mankind 是成長中的公司，它的產品一定很好，不然創業十年來，不可能吸引到這麼多死忠支持者，雖然它的 Twitter 專頁缺乏跟潮流的連結性，但它還是很認真和追隨者互動，並持續更新產品消息，但那是 Twitter 初級班的行為，是 2008 年的品牌在做的事，現在他們應該要做更多、更多。它很幸運可以引領時尚（這也是為什麼我相信他們能接受有建設性的批評），如果今天它是新創公司或小公司，一直放掉利用時尚或丹寧服飾以外的話題來說故事的機會，可能會傷到自己。消費者的生活不只限於時尚小圈圈，為什麼服飾店要如此畫地自限呢？

Promoted Tweets 廣告平台

　　依據當紅的主題標籤創造推文情境，唯一的成本是時間，而花錢購買「promoted tweets」做廣告，也是很好的投資。《超級製作人》正夯的那天，另一個流行關鍵字

是 #GoRed，因為美國心臟協會（American Heart Association）贊助「全國紅衣日」（National Wear Red Day），希望更多人關注心臟疾病的預防。在主題標籤列的上方有則廣告，汰漬（Tide）洗衣精寫到，「再難清除的汙點，汰漬都能去除，但那些你想留下的色塊呢？」啊哈！顏色。汰漬發垷 #GoRed 是一個宣傳自家產品「不掉色」的機會，這個主題標籤用得很巧，它是一則微故事，成本低又讓人印象深刻。試想，消費者一天花 10% 的時間在行動裝置上，而世界上沒有比 Twitter 移動性更高的平台了。在 Twitter 上打廣告很實惠，Twitter 吸引眾人的目光，而在上面打廣告的成本和打電視廣告的錢相比，只能算是午餐錢吧！汰漬很聰明地把行銷費用花在這裡，值得其他公司學習，例如：Crayola 蠟筆呢？紅包（Red Envelope）線上購物？平價百貨 Target 怎麼不好好利用它商標上那顆大紅點？

順勢揮出右鉤拳

流行主題可能是人名或時事，但也可以是「模因」——即在大眾平台上，廣為流傳的詞彙或句型。上述都是品牌和企業可以輕易取得的、絕佳的故事題材，特別適合地方型公司拿來當素材，用有趣又有創意的方式凸顯自己與對手的差別。

我在寫這個章節的時候，某一天 Twitter 上最夯主題第五名是 #sometimesyouhaveto（有時候你不得不）。這個流行語非常適合拿來當作右鉤拳的導言，幾乎每個人都可以按照自己的需求套用，例如：

起司店說，「＃ 有時候你不得不來片卡博特精裝切達起司（Cabot clothbound Cheddar）。」

健身房說，「#有時候你不得不把三溫暖當成運動的動機。」

律師說，「#有時候你不得不打給律師請他幫你解決問題。」

善用主題標籤是小公司引起注意的好方法，幾萬人同時點閱當紅主題標籤，他們極可能看到並欣賞你的推文，因而點進你的專頁看其他推文，一到了你的地盤，他們就會看到你一系列的刺拳和偶爾出現的右鉤拳，聽你說故事，看完後他決定追蹤你。他可能需要律師，或合理相信自己可能會需要律師，無論如何，你現在都距離在適當時機吸收新客戶更近一步。

舉個例子，DJ蒙地卡羅（Monte Carlo）在邁阿密工作，我在瀏覽「#有時候你不得不」當紅主題標籤的相關推文時，看到他的推文，「#有時候你不得不原諒那些傷害你的人，但千萬不要忘記他們教會你的事。」

那則推文觸動了我，讓我決定追蹤DJ蒙地卡羅，從此他的推文就會出現在我的Twitter動態頁上，我的同事山姆（Sam）也看得到。我不愛去夜店，但或許山姆喜歡，或許山姆也決定追蹤DJ蒙地卡羅，又或許半年後，山姆在動態頁上看到蒙地卡羅使出的右鉤拳，宣告他今晚會到紐約市的夜店擔任DJ，山姆看到後就決定去了。

懂了嗎？這不是什麼遙不可及的場景，這就是Twitter文化每天運行的方式。所以你要有創意，在上面玩樂，並且開始嘗試即刻創作推文，因為當紅主題的生命週期很短，你現在看到的當紅炸子雞，下一分鐘可能就不紅了。

還有一件事情值得注意：不在 Twitter 最夯排行榜前十名的主題，也值得關注。Twitter 用戶大多是走嬉皮風的都市人，但他們不代表網站上的所有人，你也應該注意世界上其他人感興趣的事。你可以從 Google 搜尋趨勢找答案，雖然它和其他線上數據一樣，主要對象還是年輕族群，但是它的母體還是比 Twitter 大。在 2013 年美國高爾大球公開賽（U.S. Open）期間，主題標籤「#usopen」毫無意外地登上 Twitter 排行榜，做為回應，KPMG Mickelson ——菲爾·米克森（Phil Mickelson）高球帽的 Twitter 官方帳號（譯註：菲爾·米克森為美國職業高爾夫球選手，目前已獲得四十二個 PGA 巡迴賽賽事冠軍）——對這個主題標籤的追隨者推薦了一則推文，建議高球迷在父親節的時候購買菲爾·米克森高球帽，藉以捐款支持消除文盲的慈善活動，與爸爸分享榮耀。KPMG Mickelson 用的主題標籤並非「#usopen」（事實上，如果他們不是官方活動的贊助商，他們的法務部門可能也不會讓他們用這個主題標籤），但是透過技巧性的推薦推文，在大家搜尋這個主題標籤的時候，他們會是第一個搜尋結果。此外，他們用的主題標籤「# 父親節」也很高竿。

#usopen 的搜尋結果　⚙▾

相關：#usopengolf, #merion, merion

Top people · View all

US Open Tennis ✓ @usopen
美網公開賽官方 Twitter
2013 年度賽事：8/26-9/9 │ #usopen
👤▾ 　🐦 Follow

Tweets Top / All / People you follow

53 new Tweets

KPMG Mickelson @MickelsonHat　　13 Jun
父親節 就要到了，你挑好禮物了嗎？就決定是 #PhilsBlueHat 了，現在就上網訂購：PhilsBlueHat.com
🔳 Promoted by KPMG Mickelson
Expand

特別注意，Twitter 建議對這個主題標籤有興趣的人去看美網公開賽的專頁，而不是美國高球公開賽的專頁。我不確定這是不是代表美網公開賽在社群媒體上別有用心，或是美國高球公開賽的負責人太不用心，或是意味著 Twitter 的演算法有漏洞。

從這個例子就可以看出 KPMG Mickelson 做到很多其他公司在 Twitter 上沒做到的事——傾聽。要自創當紅主題標籤，並讓群眾隨你起舞是非常困難的，最好的方法是傾聽，聽聽看現在的潮流是什麼再走向人群。在這個個案中，高球迷已經在討論公開賽了，推薦推文確保 KPMG Mickelson 加入討論，更聰明的是，它還把討論父親節的人一併帶進來了。

在誇獎的同時，我還是要指出兩項失誤：

1. 雖然 KPMG Mickelson 加入當紅的對話是正確的決定，他們卻在推文中加了一個不必要的主題標籤「#PhilsBlueHat」。這個他們自創的主題標籤有什麼幫助嗎？在這則推文發出後的三天裡，總共只有三個追隨者用了這個主題標籤。

2. 推文中的連結不會把消費者直接帶到購物頁，而是到 KPMG 的 Phil's Blue Hat 網站，還需要多按一個鍵才能買帽子。在行動呼籲後，又多加幾步才能真正行動，是在浪費消費者的時間。

即使有失誤，但不管你是使出刺拳或右鉤拳，像這樣的行銷行為還是顯示你跟得上時代、有幽默感，更重要的是你有在關心時

美國趨勢·Change

Is1DLarryRealOrFake（譯註：美國 One Direction 樂團成員 Harry 和 Louis 由於過從甚密，引發外界討論，將兩人的名字合併，戲稱他們為 Larry）
伊蘇基督〔Yeezus；譯註：《伊穌基督》是美國嘻哈歌手肯伊 · 歐馬立 · 威斯特（Kanye Omari West）的第六張個人錄音室專輯。在美國於 2013 年 6 月 18 日由 Def Jam 唱片公司發行〕
父親節
伊朗
美國公開賽（#usopen）
鋼鐵英雄（#ManOfSteel）
超人
MySpace
肯伊
爸爸

#PhilsBlueHat 的搜尋結果

Tweets Top / **All** / People you follow

Wade Copas @wadermcginnis   16h
我的好孩子！@MickelsonHat **#PhilsBluehat** #thisisphilisyear
Expand

Derek Foust @dfoust1   13 Jun
@ItsDeBo @AdamDebellis @KevZimm @Golatop1 菲爾必奪冠
#PhilsBluehat
Expand

Sylvester Freckle @slytwink   13 Jun
#PhilsBluehat @MickelsonHat
Expand

KPMG Mickelson @MickelsonHat   13 Jun
父親節 就要到了，你挑好禮物了嗎？就決定是 **#PhilsBlueHat** 了，現
在就上網訂購：PhilsBlueHat.com
Expand

事。在客戶決定要跟誰做生意的時候，關心時事所帶來的影響會出乎你意料之外的
大。

慎 選 主 題 標 籤

　　選擇主題標籤的小技巧：不要為了要兼顧所有粉絲，把整個句子釘滿主題標籤。
如果主題標籤無法融入 Twitter，又不適合你的品牌，那它就不會發揮效果。例如，
Twitter 是酸民的世界，但你的品牌形象是嚴肅、有思想的，刻意用主題標籤發表諷
刺言論，或是忽然用了一個嬉皮詞彙，只會讓人感覺你很虛偽。耍酷和年齡無關，
重點是你的定位有多明確，做自己就好了，不要做樣子。不過話說回來，把自己看

得太重要也不好，就當一般人吧！如果你不習慣討論流行文化，就在組織內找懂的人幫忙，或是跟知道怎麼討論這個話題的外部機構合作。但不管你做什麼，都要忠於自己，別試著讓自己看起來比實際上更酷，不要杜德偉已經唱到爛、熱潮都過一年了，才在大喊「脫掉！脫掉！」當你的主題標籤只是為了兼顧所有粉絲，而不是自然融入推文的時候，你聽起來就是如此詭異地過時。聆聽，娛樂，善用你的幽默感和振奮人心的能力。

創業家和小公司可能一想到要跟上 Twitter 的速度有多少事情要做，就忍不住懷疑自己是不是該收一收、打道回府、洗洗睡了。他們根本不可能跟財力和人力雄厚的大公司競爭，畢竟人不可能二十四小時工作，總是得睡覺的。沒錯，要創造即時微故事是大工程；沒錯，新創公司跟小公司需要仔細挑選，看哪些趨勢值得他們花錢和時間，但是把力氣花在這些事情上，比起呆坐在那邊等客人，對你的獲利有幫助多了，而且也比你推一堆大家看不到或不想看的推文有意義。

和大公司相比，小公司的優勢在於它的敏捷和真實，而這兩者都是在 Twitter 上成功行銷的重點。因為個性不會受到公關公司或法務部門擠壓，你可以更自由地抒發想法，可以在別人意想不到的地方找笑點，也可以自貶。最後那一項的效果好得不得了，我最近才在接受《企業》雜誌（Inc.）訪問時承認，我到十二歲還會尿床。你可以想像哪個《財星》五百大企業聊到這麼私密、和業務八竿子打不著的事情嗎？我也無法。人們喜歡你承認自己也是人，承認你有弱點。跟那些巨無霸相比，你可能是個瘦弱的小個子，但你這個小個子可能每天三點起床，吃幾顆生蛋，到健身房運動兩個小時，直到競爭的號角響起。大家看得到你的努力，這會帶來改變。

把小事做大

想知道什麼叫努力，可以看看部落客李維．蘭茲（Levi Lentz）和綠山咖啡（Green Mountain Coffee）之間的對話（揭露：在本書出版時，綠山咖啡是范納媒體的客戶）。綠山咖啡把觸角伸出咖啡的小世界，而且還伸得很遠，不然就不會看到蘭茲的推文，「麥可．法蘭提（Michael Franti）的〈說嗨〉（Say Hey）是我最喜歡的歌之一。」

出乎他意料之外地，他收到綠山咖啡官方 Twitter 帳號的回應，「我們也愛那首歌！超激勵人心的，是吧？」

表面上看來，咖啡和蘭茲正在聽的動感音樂根本沾不上邊，綠山咖啡的刺拳純粹就是在講故事而已，告訴對方「我們這個品牌跟你喜歡一樣的音樂」。但蘭茲不知道的是，麥克．法蘭提和綠山咖啡合作推廣公平交易咖啡，這就是綠山咖啡對這則推文感興趣的原因。無論如何，蘭茲沒有被突然冒出來跟他討論音樂的品牌嚇到，證明大家對品牌主動接觸消費者的包容度有多高。

咖啡一直沒有出現在對話中，直到蘭茲主動提起，禮貌性地告訴綠山咖啡，他才剛開始學著喝咖啡，所以沒有喝過它們的產品，但以後會喝。綠山咖啡詢問他對咖啡口味的偏好，接著就提供他一些建議。最後，綠山咖啡問蘭茲可不可以告訴他們收信地址，這樣才能寄一張麥克．法蘭提的 CD 給他。

蘭茲也知道自己被推銷了，但他不在意。某個品牌忽然冒出來，向他攀談，給他他要的資訊，又主動送他禮物。他當然為這件事情在部落格上發文了，幾天後他又發了一篇文章，提到他在信箱裡收到 CD，還有另一個包裹，裡面放著一張手寫

謝卡，感謝他在部落格上提到綠山咖啡，還有馬克杯跟幾包咖啡樣品。

　　綠山咖啡因為注意介紹自己的機會，而得到大眾的關注，它在陌生人面前，展現自己有個性、討人喜歡、慷慨，更重要的是「真實」的一面，因此吸引到一個忠實顧客。好的媒人都知道，有時候，如果兩個人不願意見面，你得想辦法硬是把他們弄到同個房間裡，他們才會發現彼此有多適合。公司只要懂得利用在 Twitter 上流竄的新聞和資訊，創造好故事，Twitter 這個社群媒體平台就是有史以來品牌與客戶之間最能永保新鮮感的媒介。

LACOSTE
鱷魚牌 ─────────── 自問自答

鱷魚牌是個老字號大廠，我從小就喜歡襯衫上的鱷魚商標，這陣子我又開始穿起鱷魚牌的衣服了。重塑自己在粉絲心裡的形象不容易，鱷魚牌願意這麼做，值得嘉獎，但很遺憾的，這是我對他們唯一的誇獎，因為現在看到的這則動態，是這本書中最糟的右鉤拳。它糟得可笑，我會這麼說是因為我看到的時候，真的差點笑掉大牙。

> **把顧客當白癡**：鱷魚牌問大家，「如果你今天只能做一件事情，你會做什麼？」這是吸引粉絲的好方法，在平行時空裡，粉絲們正在瘋狂回應：「睡覺！」「踩腳踏船！」「到火星旅遊！」「推動『時解喝瓶』！」〔譯註：原句為 Promote whirled peas，Twitter 使用者以 whirled peas 代替同音的「世界和平」（world peace）〕很可能有人會回「購物！」那就是品牌直接回應推文者，和客戶建立關係

的理想時機、向粉絲展現個性的機會，增加粉絲對品牌個性的好感。但是在這個時空裡，鱷魚牌的人員沒有在動腦袋，所以對話還沒開始，他們就自問自答，把對話給結束掉了。這篇推文就像是在說，鱷魚牌不相信自己的粉絲會照他們想要的回答。記得，口訣是「我給，我給，我給……我請求，」而不是，「我給，我給，我給……我要求！」

> **無意義的連結：**消費者點開鱷魚牌的 Twitter 連結後，看到的不是大拍賣，也不是當季商品宣傳，而是鱷魚牌的官網首頁，而他們的官網在我寫這本書的時候，還是個版面呆版、不成熟的網站。就像之後會提到的 Zara 的例子，鱷魚牌似乎覺得所有貼文都應該連到自家官網，把自家官網當成訊息中心。看完這本書，公司應該要知道現在已經沒有所謂的訊息中心了，消費者會從各個管道連過來，強迫他們每次都走同一扇門，只會讓他們對你感到厭倦。

　　我寫這本書的時候，鱷魚牌有三十七萬個追隨者，其中有兩個人覺得這則推文值得轉推，而連結本身只被點擊八十八次，實在是沒辦法更糟了。就是像這種推文在 Twitter 上製造不必要的雜音，才會造成好的內容沒辦法浮上檯面。我無法輕鬆地向鱷魚牌說：「鱷魚哥，我們回頭見！」（譯註："See you later, alligator." 是美國小孩常用的道別俏皮話，通常用在較為親近的對象，作者以此雙關鱷魚牌的鱷魚商標）因為如果我再看到這種推文，我八成會放棄鱷魚牌，不想再見到它。

ROUND 4　138

DUNKIN' DONUTS
很甜，但老掉牙了

這是一記討喜、輕柔的刺拳，主角是冰咖啡，內文長度恰當、語調正確、圖片也用得巧妙，但我想問 Dunkin' Donuts 的創意人員，他們怎麼會想把自己的冰咖啡杯變成五十年前的骨董？

> **不合時宜的圖片**：圖片中的咖啡杯接的是雙孔插頭，感覺像是老伯伯的桌燈，他們如果把插頭改成 iPhone 的充電器，會讓他們的形象比較有現代感。Dunkin'

Donuts 可能是故意走復古路線，跟年紀較長的客戶群對話，但如果這真的是他們的想法，那他們是在錯的國家講對的語言，因為生長在雙孔插頭時代的人，不是 Twitter 的常客（從 1960 年代初期開始，新房子就因為安全考量更新為三孔插座了）。既然在 2012 年葛萊美獎（Grammys）得獎名單公布後，連「誰是保羅·麥卡尼（Paul McCartney）？」（譯註：保羅·麥卡尼是英國知名搖滾樂手，是前披頭四、Wings 樂團成員，1957 年後走紅）都能成為 Twitter 上最夯的話題，那麼這群不識披頭四成員的 Twitter 用戶，看到 Dunkin' Donuts 的動態，八成也不知道杯子後面那一條是什麼鬼東西。

> **還有一個問題：**這則推文的署名是「JG」，我了解 Dunkin' Donuts 是想讓自己的品牌感覺更人性化，但我認為這是錯誤的方式。讓你的品牌或商標以外的事物在公共平台上建立品牌資產（equity），會讓公司暴露在風險中，萬一「JG」跑到星巴克或麥當勞，大家開始問說，「嘿！JG 到哪裡去了？」該怎麼辦？你的品牌需要一致的門面跟聲音，這並不代表你不感念員工的努力，只是要確定大家是努力建立品牌資產，不是他們的個人資產。

ADIDAS
愛迪達 ——————— 灌籃得分

adidas Originals ✓
@adidasoriginals

你的街道，你的城堡，你的飛踢，你的皇冠。
愛迪達 GLS「街道皇家」亮眼登場。
快到這儿買唷：bit.ly/Ytpar9
Pic.twitter.com/cio57bXSTO

↩ Reply 🔁 Retweet ★ Favorite ●●● More

170 RETWEETS   **126** FAVORITES

12:54 PM - 2 Apr 13   Flag media

愛迪達經典原創三草葉這一記右鈎拳揮得漂亮（是啦！鞋子有點破壞畫面，不過……）我喜歡愛迪達這則推文，有幾個原因。

> **圖片很酷**：他們用的產品照片很酷，乾淨但有爆炸似的明亮色彩，這樣的照片會讓消費者停止滑手機，乖乖挨這記右鈎拳。

> **語調正確**：內文很強烈、有故事性，用品牌的口吻發言，也很符合目標族群的習慣，就連最直接那句右鈎拳也維持相同語調：「快到這儿買唷！」品牌的內文通常都會使用適當的俚語跟語調，增強宣傳效果，但是他們在真正使出右鈎拳的時候，會忽然換成正式的官方口吻：「您可以來此購買。」我非常喜歡愛迪達的做法，從頭到尾都用一貫的語調，最後用「快到這儿買唷！」結束內文，接著直接切入重點，連到產品網頁，不是官網或是其他次要網頁，讓消費者免於自己摸索、點擊的困擾。

使出刺拳戰術的時候，你總是希望能做得溫柔、細膩，但現在是提出請求的時候，去吧！別害羞，做就對了！

幹得好，愛迪達，做得非常、非常、非常漂亮！

HOLLISTER
休閒服飾 ———————— 高竿策略出了錯

這是一個很有趣的個案，因為他同時包含了許多聰明的策略，和糟糕的執行面。

> **勇敢的創新：**Hollister 懂得善用網路新梗來接觸年輕族群，為了回應最近竄紅的「仆街」（隨便找個地點向下躺平，雙手擺在左右），還有它的哥倆好「棲街」（隨便找一個地點棲息），你猜動作要像什麼？對啊！就貓頭鷹啦！ Hollister 想要推廣新變形「衛街」（guarding）——舉起雙手放在眼前，假裝你拿著望遠鏡。他們的做法是超重一擊右鉤拳，直接請社群裡的人標記朋友，參與他們試圖引領的風潮。這一擊很勇敢，我超愛！問題是，品牌要自創網路新梗難如登天，Hollister 的做法不夠務實，消費者通常不會跟進。整體而言，應該是品牌追隨新梗，而不是創造新梗，不過 Hollister 至少敢嘗試，這點值得稱讚。

> **笨拙的主題標籤：**他們真正做錯的是選錯主題標籤，我第一次檢視這則推文的時候，點進他的主題標籤 #guarding，發現從保全人員到十六歲的籃球員都會用這個主題標籤（譯註：「衛街」的原文 guarding 和保全、守衛、防守是同個字），guarding 這個詞的構想並非 Hollister 獨創，他們應該要選擇有辨識度的主題標籤，讓更多人注意到這個新潮流。

> **畫面太亂：**還有一個問題是他們選擇的圖片，色彩繽紛，但又小又擠，文字全擠在一團，內容太多讓讀者眼花撩亂。Hollister 說故事的時候，應該把推文弄得更短、更簡單，只需要一張近照讓大家看一對帥氣男孩，底下附上主題標籤就可以了。

 **Hollister Co.** ✓
@HollisterCo

誰#穿著Hollister（#InHollister）的短褲或泳裝#衛街（#Guarding）的照片最好看?! 快到 Instagram 上標記自己吧！ bddy.me/13XpjHG

Pic.twitter.com/zJlnfgznW

← Reply   ⇄ Retweet   ★ Favorite   ••• More

13 RETWEETS **9** FAVORITES

6:30 AM - 5 Apr 13   Flag media

SURF TACO
衝浪墨西哥餅 ———————— 壯大新平台

Surf Taco
@SurfTaco

適合薄餅和棒球的夜晚
藍爪聯盟（#blueclaws）
Instagram.com/p/X8RfiWmFwU

← Reply   ⟲ Retweet   ★ Favorite   ••• More

　　這不是史上最好的刺拳，但我覺得像這種雖然不會改革社群媒體、但仍顯示出你能做的簡單動作，還是可以做為簡單的個案，這樣你才不會覺得一定要不斷創造旗艦級代表作。

> **成功跨平台行銷**：「衝浪墨西哥餅」在 Twitter 有高達六千四百個追隨者，在 Instagram 上卻只有五百個追隨者，透過在 Twitter 上宣傳 Instagram 的照片，他們

把較大群的追隨者導入小眾平台。這種方法值得其他人學習，雖然 Facebook 收購 Instagram 後，Twitter 跟 Instagram 變成競爭者，取消了和 Instagram 的無縫接軌，用戶沒辦法在 Twitter 上直接嵌入 Instagram 的圖片，使得在 Twitter 上分享 Instagram 的照片變得困難了。然而，每當你想在新平台上建立社群，利用你粉絲最多的平台，把人引到新平台是很重要的技巧（例如，三年前我就建議大家用電子信箱服務，把流量帶入 Facebook），引導流量在平台間流動，是在新平台上建立品牌知名度的絕佳策略。

> **恰當的美感：**「衝浪墨西可餅」也很懂得 Instagram 追求的美感，這不是特別有藝術性或讓人興奮的照片，但至少他們不是引用圖庫照片或放上誇大的產品照。他們選擇用輕鬆、自然的實景，雖然他們的追隨者不多，但這張照片獲得不錯的迴響，顯然有引起讀者共鳴。

他們也挺了解 Twitter 用戶，知道要用主題標籤，而且用得很不錯，不過如果再加一到兩個更廣泛的主題標籤，例如「＃棒球」，增加曝光度會更好。

整體來看，就一間紐澤西的小公司而言，算是不錯的一擊。

CHUBBIES SHORTS
巧比短褲 ——————— 重點在發言風格

　　社群媒體行銷成功的三個要件是了解平台細節、發言風格獨特、符合公司目標。這是本書中我最喜歡的微故事之一,在這則推文中,巧比三件都做到了。

> Chubbies Shorts
> @Chubbies
>
> # 貨物禁運 #SOTO
> Pic.twitter.com/nOA5LEoCLd
>
> Reply　Retweet　Favorite　More
>
> A CAT NAMED
> PABLO PICATSO　>　CARGOS
>
> CARGOEMBARGO.ORG
>
> 203 RETWEETS　95 FAVORITES
>
> 6:08 PM - 16 Apr 13　Flag media

　　這則推文最有力的是發言風格,從頭到尾口吻一致。它的語氣年輕、諷刺、跳痛又有趣味性——這就是 Twitter 一族想看的。推文本身顯示這個品牌很懂這個平台的細節,內文精簡、留白,只有兩個主題標籤,配上一個網路新梗,用幽默的方式告訴大家哪一種物品比較好。個案中,巧比把一隻叫做巴保羅·畢凱蒂索(Pablo Pitcatso)的貓跟對手的產品工作短褲比。這是個無厘頭又搞笑的對比,但為什麼它可以成功,之前提到的 Hollister 卻無法用 # 衛街引領潮流?關鍵在主題標籤。除了巧比以外,沒有

人會去創 # 貨物禁運（#cargoembargo）或 #SOTO（太陽出來就該換短褲啦！ Skies Out Thighs Out 的縮寫），所以巧比完全擁有這兩個主題標籤。這兩個主題標籤也夠特別，讓人想跟著用。此外，巧比最後也沒有放上產品連結，讓推文更顯完美。

　　如果希望社群媒體為你帶來高報酬，就要講一個好故事讓大家想買你的東西。我和我的創意團隊對於巧比堅持超強語氣和他們對平台細節的注重印象深刻，巧比提升了我們對它的印象，讓我們開始討論它的短褲、對它著迷，我甚至跑去買了十一條巧比短褲，送給我的團隊，這下范納媒體團隊都要一身巧比風出門啦！

BULGARI US

美國寶格麗 ——————— 公關公司被自己絆倒

 Bulgari
@Bulgari_US

👤▾ 🐦 Follow

伊莉莎白‧泰勒＃寶格麗珠寶（#BulgariJewels）晚
宴實況，美味食物由 @foodinkcatering 提供。
Pic.twitter.com/JoV3gqMu

← Reply   ⇄ Retweet   ★ Favorite   ••• More

6 RETWEETS   **1** FAVORITE

8:54 PM - 19 Feb 13   Flag media

我的父母在 1970 年代末期來到美國，他們從此愛上寶格麗最佳代言人──伊莉莎白・泰勒（Elizabeth Taylor），事實上，我敢說「伊莉莎白・泰勒」是我奶奶學會的第一串英文字。因為這段淵源，我對這位飾演《埃及豔后》（*Cleopatra*）的女星特別有感情，這也是為什麼我特別討厭看到她被糟蹋。這無疑是個很棒的活動，把兩大高檔、奢華的品牌合在一起，很遺憾地，寶格麗在線上不如它在現實生活中那樣敬重伊莉莎白・泰勒。

即時事件推文如果只是讓公關公司用來增加曝光度，就會令人厭惡，這則推文就犯了這個毛病。這張照片很糟，叫個實習生躲在盆栽後面都拍得出來，他們一整天下來推的二十三篇文，都值得拿來好好鞭策一番，但這一則又格外值得關注，因為實在糟糕透頂。連要看出這是什麼活動都很困難，試試看這樣：翻到前一頁，再迅速翻回來，你有辦法瞬間看懂這張照片在幹麼嗎？你必須用電腦點進那個連結，才看得出桌上那些花有多華麗，但沒有人會浪費這種鬼時間，他們也不需要，因為這張照片不管對消費者或品牌都沒有半點價值。

寶格麗特別提到那間餐廳，顯示這家國際級的品牌夠有肚量，肯公開認可一家在 Twitter 上只有兩百個追隨者的公司，值得嘉許。

NETFLIX
簡單也行

　　這記刺拳完美執行，推文的時間選在 Netflix 宣布眾所期待、使粉絲瘋狂的電視劇《發展受阻》（*Arrested Development*）第四季共十五集，將在 Netflix 平台上獨家播出之後。推文的成功之處，在於他用簡單的內容發揮極大宣傳力。

　　這張照片明顯是在影射《發展受阻》第三季的最後一集，當時某個角色選擇離開自家的家族企業。這則推文很即時又機巧，「嘿！老兄」是劇中常出現的台詞，給 Netflix 一個機會搭上全國手足日熱潮，使用這個節日的主題標籤。順帶一提，一年三百六十五天，幾乎每天都是非國定假期的某某日，請善用它們。

AMC
電影院 ——————— 你在跟誰說話？

　　這是一則精神分裂文——「如果你喜歡《絕地任務》請轉推！不！看這個影片！不！買票！」在不到一百四十個字中，AMC 就用了三次行動呼籲。確實不簡單，但一點都不值得驕傲，一口氣召喚三次行動，就跟沒召喚一樣，消費者在手機螢幕上看到這則連結跟短訊的大雜燴，一定摸不著頭緒，完全抓不到重點。AMC 在社群媒體上的動作頻頻，通常都很有效，但這次就跟新一集《特種部隊》電影一樣，是系列中的敗筆。

NBA
美國職籃 ——————— 聰明的組合

美國職籃使出一記右鉤拳，提升他們跟奇亞汽車一起頒發的最佳球員（MVP）的知名度。每個決定都很細緻，推文精簡易懂，又記得加強關鍵字「你」，替他們跟社群建立連結。他們不斷加深大家對奇亞品牌的印象，一開始就把奇亞的 Twitter 嵌到推文中，再精心挑選連結要連到官網的哪個頁面——一則文章跟照片，宣布雷霸龍・詹姆士（LeBron James）獲得奇亞最佳球員獎，附上奇亞汽車的大紅色商標。我不確定奇亞汽車有沒有付錢給美國職籃，請他們發布這則推文，但就算有，他們這筆錢也花對地方了。

GOLF PIGEON
高球社群網 ——————— 誤把量當成質

　　如果你是間新創公司，客人還不多，想創造風潮、增加曝光率，利用 Twitter 廣告平台買下一個關鍵字，確保消費者在搜尋的時候，你的推文會出現在前兩個搜尋結果中，可以創造價值。然而，我不斷強調一件事情：曝光的次數不算數，重點是曝光的品質。你可以對一百萬個人推文，但如果你的推文不好或與他們無關，很有可能看到推文的一百萬個人當中，就有五十萬個人討厭你的產品或品牌。這則推文

發表的時間點，是阿根廷足球員利昂內爾・梅西（Lionel Messi）踢出他本季第七千個精采射門的時候，當時他的名字蔚為風潮。Golf Pigeon 一定覺得在討論梅西的足球粉絲可能也想聊高爾夫球，等等，這是哪門子的邏輯啊！理論上，足球跟高爾夫球有重疊的時候沒錯，我猜啦！我是說，鐵定是嘛！他們都是一種「運動」。創造這個詭異組合的原因，有一種解釋是為了推薦跟主題標籤相關的推文，增加大家的印象，而 Golf Pigeon 不想選擇 # 梅西（#messi）以外的宣傳，因為這樣就跟不上潮流，但他們用 # 梅西當主題標籤，也沒有帶來什麼好處。1980 年代，接觸運動粉絲的管道還很少的時候，用這種方式吸引同時喜歡兩種運動的粉絲，或許還算高明，但現在是目標族群明確的年代，沒有理由浪費錢對足球社群行銷高爾夫球。Golf Pigeon 應該等到高爾夫球名人賽（Masters）舉辦的時候，再傾力利用當紅主題，會和品牌、社群比較契合，也會為他們帶來更多正面效益。

HOLIDAY INN
假日酒店 ——————— 單向對話

眾多轉推，價值卻極低。對你所有的客戶轉推某個客戶對你的誇獎是老王賣瓜，一直重複做就令人反胃。2013 年 4 月 21 到 23 日間，假日酒店幾乎把全部的時間花在對三萬名粉絲轉推別人對他們的讚美，但他們真正該做的，是花五分鐘好好跟那個讚美他們的人打好關係。再說，像假日酒店這麼大的品牌，卻花時間追蹤更多外人，而不是追蹤自己既有的客戶群，證明他們有多不會用 Twitter 帳號，顯示他們根本只是在系統上玩樂、追蹤人並期待那些人會因此追蹤他們。這是很廉價的策略。

可憐的假日酒店在書裡要當箭靶給我罵，但其實轉推粉絲的誇獎是數以千計的公司每天都在犯的錯，大概是因為公關公司喜歡跟自己的客戶說這樣很聰明。我告訴你，一點也不。這種轉推非常糟糕，完全沒有提供價值給你的追隨者，更別說這對你的追隨者而言有多無聊。

TACO BELL
塔可鐘 ——— 抓到重點

SKITTLES
彩虹糖 ——— 主題標籤的天堂

Taco Bell ✓
@TacoBell

＃床上靈光（#ThoughtsInBed）塔可鐘，我需要你。

← Reply ⇄ Retweet ★ Favorite ••• More

12,661 3,554
RETWEETS FAVORITES

8:47 PM - 25 Mar 13

Skittles ✓
@Skittles

如果你想藏東西，就把它放在一包 Skittles 旁邊吧！
沒有人會注意到你的東西。＃宣傳小技巧（#protip）

← Reply ⇄ Retweet ★ Favorite ••• More

　　這則推文讓人印象深刻，有技巧地引領風潮，是很好的典範。＃床上靈光（ThoughtsInBed）很時尚，「塔可鐘」忽然出現，用他們一貫的口吻——又踐又厚臉皮、令人討厭——講出答案。顯然他們的努力得到回報，在四十三萬個追隨者中，就有一萬三千人轉推。為什麼這則推文表現這麼好？因為「塔可鐘」做了他應該做的事，他們尊重這個平台、跟消費者用同一種語氣說話。他們了解 Twitter 用戶通常是年輕人，看看他們的頁面就會發現，他們每天都在跟追隨者接觸、經常聯繫，展現超高的品牌親和力。他們值得我最高等級的表揚：他們抓到重點了。

　　這本書中很多個案都讓我想哭，但這則卻讓我莞爾，我想你大概也笑了。它很可愛、有趣，聽起來就是個 Skittles 的愛好者在講話。最聰明的是，他們把微故事跟永遠不退流行的主題標籤結合，他們選擇的主題標籤因為長青、搞笑、熱情，任何想看點幽默小品的人都會喜歡。如果 Skittles 能繼續保持推文品質，創造這樣的微故事，他們在社群媒體上的未來將一片光明。

EA SPORTS FIFA
國際足盟大賽 ——————— 即時新聞

EA SPORTS FIFA ✓
@EASPORTSFIFA

誰會打進冠軍賽？
冠軍盃準決賽名單確認：
拜仁慕尼黑 **vs** 巴塞隆納
多蒙特 **vs** 皇家馬德里

← Reply ⟲ Retweet ★ Favorite ••• More

　　如前所述，現在想在社群媒體上競爭的企業，需要有雙重定位。他們當然必須扮演推銷產品或服務的角色，但同時要表現得像一間媒體公司，這則推文是同時扮演好兩種角色的案例。「國際足盟大賽」（EA Sports FIFA）是為足球迷設計的電玩，但這則推文顯示，這個品牌知道如何與他人競爭、清楚他必須超越「電玩」這個角色。

　　推文先宣布歐洲冠軍盃（UEFA Champions League）準決賽的隊伍已經出線，五、六年前，足球迷要看 ESPN 體育台螢幕底下的快訊，才知道隊伍名單，錯過的人就

得等著看明天的報紙。但現在,一個電玩公布資訊,就算沒有讓全世界知道,至少他們的 Twitter 追隨者會知道。看轉推數就知道這記刺拳帶給品牌的好處,從這裡得到新消息的人會馬上分享,轉推給自己所有的追隨者,這些粉絲跟他們的追隨者都感謝「國際足盟大賽」提供新訊息。發出這則推文後,「國際足盟大賽」因為在自己的領域裡領先他人,第一個開啟對話而得以歡笑收割,提升品牌知名度和品牌親和力,也提升和粉絲的連結,甚至可能增加數十或數百個新追隨者。未來「國際足盟大賽」使出右鉤拳的時候——不管是銷售、折價券或其他行動呼籲,這些新的追隨者都有可能做出回應。

CHRIS GETHARD
克里斯 · 格哈德 ——————— 辛苦耕耘後的豐收

　　喜劇演員是 Twitter 上很有意思的族群，因為他們之中有不少壞蛋總是把 Twitter 用來破梗、提高知名度和使出右鉤拳，像是要大家來買他們的 DVD 或是看表演。但這個從布魯克林來的新喜劇演員克里斯不一樣，他用對了方法。當然，他也會講笑話，但是他也轉推、和人互動，他會回應粉絲，與他們對話，讓粉絲感受到他的關心，克里斯也感念粉絲願意花時間讓他知道他們的想法。他的辛苦耕耘會得到收穫，等他有特別演出或是要多揮幾記右鉤拳的時候，現在累積的力量就會爆發出來。

TWITTER
不知道在幹麼

Twitter @twitter 　　　　　　　　　　　31 May
現在上傳和更新 Iwitter 個人資料、封面和背景圖片比以前簡單而且
有趣囉！
Youtube.com/watch?v=ZkP8ri...
▶ View media

Twitter @twitter 　　　　　　　　　　　31 May
Twitter 地圖：blog.twitter.com/2013/geography...數十億的 Twitter 用戶
畫在世界地圖上，會長什麼樣子呢？
🗋 View summary

Twitter @twitter 　　　　　　　　　　　29 May
新！iPhone 和 Android 系統讓推文更棒：
Blog.twitter.com/2013/new-iphon...
🗋 View summary

Twitter @twitter 　　　　　　　　　　　29 May
試試我們新的行動更新功能，六秒搞定圖片推文！
Vine.co/v/hY5dFjl.xeJd
▶ View media

在我的職業生涯中，Twitter 推了我很大一把，所以要在這邊批評他們互動性有多低，我的心情很沉重。他們常常在推文，不斷宣布自家新聞，完全沒有要經營社群的意思。2013 年 6 月 6 日，他們開啟「超級老王賣瓜」模式，宣布他們跟全球第二大廣告集團 WPP 新結盟。連平台本身都不知道怎麼說客製化的故事，證明在社群媒體漫長的時間軸上，我們才剛起步。Twitter 只聽不說，他們剛買下影音分享服務 Vine 的時候，數百萬人在狂推對這個新功能的看法，Twitter 為什麼連一句「謝謝」都說不出口？行銷團隊怎麼會不知道跟用戶建立情感關係的重要性？如果 Twitter 有好好建立連結的話，Instagram 推出影音分享服務的時候，這群人或許就會繼續當 Vine 的忠實粉絲，不會走了，Vine 也不會開始走下坡。這是一個充滿情感的世界，如果 Twitter 連在 Twitter 上都不好好傾聽、接觸用戶的話，他們怎麼能期待用戶對這個平台有感情？我有很多朋友是 Twitter 用戶，我很好奇他們看到我的批評的時候，會有什麼反應，我敢說他們一定有很多話想說。

SPHERO
精靈球 —————————— 一秒變阿宅

　　我超愛這則推文，它表現出這家公司了解使用者，知道要怎麼說故事。他們非常了解哪種人想買可以用 iPhone 操控的球，他們用 BuzzFeed 的影片（譯註：BuzzFeed 為 2006 年成立的新聞與娛樂網站），顯示他們知道要怎麼說目標客戶習慣的語言。他們懂推友、懂媒介、懂語言，也懂故事，就算不是他們的目標族群，也會覺得這則推文很酷。

　　很多新創公司說不出好故事，因為他們不建立社群，只專注於募款和如何吸引知名科技媒體 TechCrunch 報導。新創公司面對競爭，有太多事情要同時考量，不容易找到平衡點，Sphero 成功做到了，完美執行，值得嘉許。

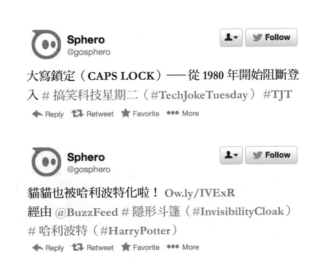

FLEURTY GIRL
妖嬌女孩 —————— 知性魅力

本書的讀者有很多是小公司的老闆，只有一家店面。這家公司有五間店，但還是很小，「妖嬌女孩」的老闆不管在線上或線下都很用心經營社群，非常不容易。老闆蘿倫‧湯姆（Lauren Thom）在紐奧良出生、成長，所以懂得用像 NOLA 這樣的縮寫，替代紐奧良（New Orleans），也知道路斯頓（Ruston）的桃子節（譯註：路斯頓為距離紐奧良約五百公里的城市），還轉推紐奧良聖徒橄欖球隊隊員的推文——她會講這平台的語言。她的社群應該還不大，但是她很努力要壯大社群，我希望有更多地方性公司和她一樣多花心思經營社群媒體。

蘿倫還可以再加點料，讓轉推更有價值，當她推「我愛桃子！」的時候，比較好的主題標籤應該是 # 滿腹桃子（#peachesfillthebelly），你要盡可能讓大家看到推文的時候會心一笑，因而對

你留下印象。除了跟紐奧良聖徒隊球員達倫‧斯普羅斯（Darren Sproles）說生日快樂，她還應該查一下 2012 年球季，聖徒隊的球員中，誰的背號跟達倫的年紀一樣，這樣她的賀詞就會更讓人印象深刻，像是「萊恩‧史迪日快樂！」〔譯註：萊恩‧史迪（Ryan Steed）也是聖徒隊球員〕就會是很有趣的推文。我想她會進步的！

SHAKESPEARS'S PIZZA
莎士比亞的比薩店 ——————— 地方美食

很高興我可以再稱讚另一間小店，它也很用心推出好的微故事，而且有個天才作者負責設計文案。特別注意——第三則推文看起來就是一般對地球日的回應，但看看它的主題標籤用得多聰明！一看那個主題標籤就知道這家店了解 Twitter 用戶的心理，一些小地方總讓看的人驚呼「哈！」忍不住就轉推給朋友，把你的品牌放到他們的動態訊息上。莎士比亞的比薩店也可以選擇花錢買橫幅廣告，提升知名度，但用那種方式恐怕無法吸引人潮。

第二則推文也很到位，任何在十六到二十四歲之間的人，都會被吸引，欸等等，任何心智年齡在十六到二十四歲之間的人都會喜歡！像是在說：「就是你！來 Twitter 找我吧！」莎士比亞的比薩店的推文，證明只要能把創意寫作跟對 Twitter 使用者的了解結合，知道人們上 Twitter 要的是什麼，就能讓品牌的表現超標。看著看著我都餓了，喔對了，我喜歡蘑菇比薩。

Shakespeare's Pizza @ShakesPizza

本週遺失物：一個花瓶、一個仿刺青、四個棒球帽、兩個訓練杯、三把雨傘和一個啤酒套。

Reply Retweet Favorite More

Shakespeare's Pizza @ShakesPizza

恭喜畢業生！別忘了，依據我們剛剛做的調查，比薩是最常用來慶祝的食物喔！

Reply Retweet Favorite More

Shakespeare's Pizza @ShakesPizza

如果你正在鎮上參加今天的地球日慶祝活動，回來的路上別忘了買個比薩。＃比薩是圓的（＃PizzaIsRound）＃地球是圓的（#EarthIsRound）

Reply Retweet Favorite More

在 Twitter 推文前要問自己：

是否有重點？

主題標籤是否獨特、好記？

附圖品質夠高嗎？

口吻夠不夠真實？
會不會引起 Twitter 用戶的迴響？

ROUND 5

在 Pinterest 妝點你的收藏

- 2010 年 3 月創立
- 四千八百七十萬名用戶 [1]
- 2012 年成長 379.599%
- 從 2011 到 2012 年,Pinterest 行動應用程式使用率上升 1,698%,透過行動
  裝置登入 Pinterest 的用戶數增幅超過 4,225% [2]
- 68% 的 Pinterest 用戶是女性,其中有一半是媽媽 [3]
- 被轉釘最多次的釘文是蒜味起司麵包的食譜 [4]

Pinterest 的女性和男性用戶數比例是五比一，[5] 除非你賣的東西一百萬年內都沒有女性會替自己或別人買（這種東西少到不行），或是公司法務又在扯後腿，不然還沒開始用 Pinterest 的你就是個蠢蛋。[*] 就算你真心相信女性族群絕對不會買你的東西，也最好繼續看完這章節，因為雖然一些在 Pinterest 上使用刺拳或右鉤拳的細節是針對這個平台設計的，多看看其他公司怎麼成功利用 Pinterest 一炮而紅，還是可以幫助你在其他平台上設計策略、拉客人的時候，多一點靈感。

Pinterest 設立的目的，是要幫助用戶在網路上蒐集他們喜歡，或是對他們有啟發性的東西，[6] 因此 Pinterest 很快就成為奇幻世界，用戶不乏美食圖片成癮者、時尚愛好者和苦思如何重新改建／裝潢家裡的人。Pinterest 的規模迅速膨脹，反映目前約四千八百萬個用戶五花八門的嗜好和興趣，[7] 這個用戶人數是美國網路人口的 16%，[8] 只比 Twitter 少 1%，然而，即使 Pinterest 一夕爆紅，很多大品牌還是不把它當一回事。難以置信吧？

當然，這些品牌有他們的苦衷。部分原因大概是公司已經火力全開在苦追 Facebook 和 Twitter 的進展速度了，實在不想再投資另一個需要時間經營的社群網絡，何況在他們眼裡，Pinterest 只是另一股一時興起的風潮。還有一個讓他們不願意更進一步的原因，可能是擔心在這種鼓勵用戶分享他人圖片的平台上，一不小心就會觸及版權問題。一如往昔，大公司因為害怕而卻步，把這片領地留給創業家和小公

又是一個小公司的優勢——不需要處理偏執的法務！

司，他們敏捷又勇敢，願意在新的平台上嘗試各種不同的說故事方式。實際上，目前還沒有人吃過官司，Pinterest 基本上是個成員間相互崇拜的大型社會，公司轉釘產品照片是因為那張照片很酷，有的釘文還附上連結，讓消費者連到該產品的零售頁面，產品被轉釘的公司開心都來不及了，誰會去告轉釘的公司啊？

現在 Pinterest 已經修改使用合約，[9] 新推出公司帳號，也為企業設計適合他們的功能，讓品牌能更自在地把 Pinterest 加入社群媒體組合中。你的法務團隊想要什麼保證，你給就對了，讓他們晚上睡得好一點，但講完以後就不要再浪費任何一分鐘，趕快去接觸那數百萬個飢渴的人們，他們渴求新啟發，創辦帳號後你就能對他們說自己的故事。

Pinterest 心理學入門

Pinterest 受歡迎的關鍵在於它做好份內的事，讓用戶能夠輕易地把在線上查到的資料和想法集中在虛擬布告欄上。這個布告欄稱為「釘選板」（pinboards），用戶把他們在網路上一見鍾情的寶貝圖片釘到板上，安全無虞。我們或許都有過這樣的經驗：有人在置物櫃上貼滿樂團海報、有人在辦公室裡擺放公仔和騎車穿越阿根廷的照片、有人在汽車保險桿上貼貼紙、也有人把藝術品放在窗戶正中央，供街上行人欣賞，這些舉動都源於我們內心的一份渴望，渴望透過這些擺設、象徵性的小東西，迅速又無聲地讓別人了解我們，也時時提醒自己，我們想變成怎樣的人。Pinterest 除了充當我們的線上藏寶箱，還滿足了我們那一份渴望。我們的房子或許很凌亂，贅肉或許無法控制地增加，想要展現智慧的時候，講出來的可能只是幸運餅乾裡的名言佳句（譯註：有些美國餐廳在客人用餐完畢後，會送上空心的幸運餅乾，裡面夾著寫有名言錦句的小字條），但我們在 Pinterest 的收藏，卻展現我們多

渴望住進環繞著雜誌櫃的寧靜房間、用美麗的衣服蓋過纖細的曲線，並輕鬆引述梭羅（Henry David Thoreau）和達賴喇嘛的名言。渴望和占有慾是最強烈的兩種人性，促使人們想購物，而 Pinterest 一次滿足兩者。

用戶數的成長證明 Pinterest 滿足了人們物質和情感上的夢想，數字會說話：依據 Steelhouse 的調查，Pinterest 用戶在 Pinterest 上下單購物，比購買在 Facebook 上看到的產品的機率高出 79%。[10] Pinterest 上每次點擊創造的營收，是 Twitter 的四倍。[11] 一些很早就在測試 Pinterest 的小公司，營收已成長六成。[12] 在 2011 到 2012 年間，線上零售商透過社群媒體創造的營收中，Pinterest 的占比從 1% 飆升到 17%。[13]

這些數字都告訴你，如果你還沒有 Pinterest 帳號，應該馬上按一下那顆寫著「加入 Pinterest」的紅色按鈕，馬上申請一個。就算你一直告訴自己，你的產品不上相，或是你提供的服務沒辦法用圖片呈現，又或者你的業務太地區性，都一樣，去申請！雖然有些平台確實就是特別適合某些產業，但創意不足才是你在任何平台上行銷的唯一阻礙。Pinterest 有趣而且特別的地方，是人們可以追蹤你的個人版面，不只是你的品牌，這意味著就算產品本質使你在 Pinterest 上居於劣勢，你還是可以想想看自家品牌的其他面向是否派得上用場，你可能因為擔心混淆品牌訊息，在其他框架下一直把這些面向隱藏起來，但 Pinterest 賦予你自由，讓你可以隨意展現品牌的特質。

第一步，先學會釘文的藝術吧！

Pinterest 是給眼睛吃的冰淇淋，每一則釘文的視覺效果都必須引人注目。不管內容是自創或轉釘的，你都要記得把內容當成收藏品，圖片要吸睛，不能單調無趣。

如果沒有人想點閱你的照片，就不會有人來你的專頁，也就看不到你的故事、無法進入你的世界。

Pinterest 用戶會把在網路上找到的內容分類在各看板，公司也可以用同樣的方式處理內容。你可以把板做成虛擬店面，讓用戶像在實體店面購物時一樣，輕鬆又快速地找到他們要找的產品。打個比方，如果你是地區性的茶店，可以在各個板上釘上照片，並按照茶的類別分類釘選板：綠茶、紅茶、印度茶、中國茶，和其他你想賣的茶種。你可以按照這樣分類釘文，再附上價格，這麼做可以讓你的釘文獲得的「讚」數提升 36%，[14] 進而增加你賣出產品的機會。所有釘文都會連到原始來源，在這個案例中，就是連回你的網站，如此一來，你的觀眾只要點擊照片就會變成客戶，過程非常簡易。

然而，很少消費者會直接到品牌專頁上詳讀內容，他們通常是先看到別人從專頁上轉釘的照片，才連過去的。像「綠茶」這種描述聽起來就很無聊，應該只有超級綠茶愛好者會想轉釘對應的照片，或是追蹤這個板。如果要讓其他人轉釘或追隨，你就得用釘文使出刺拳試探，用那則釘文吸引消費者，引誘他們仔細瀏覽你的專頁。例如，釘文上寫著「約會失敗後喝的茶」或「對付婆婆的茶」或「慶祝暑假的茶」，用這些你創造的圖說，證明你對用戶的遭遇感同身受，並指出你的品牌在他們的人生中是有功能的。這就是品牌對消費者使出刺拳的例子，刺激消費者把內容轉釘到自己的板上，這時候接觸到你的品牌的人數就會呈指數型成長，帶來更高的曝光率，吸引更多人點進來看釘文來源，就這樣把消費者慢慢從社群媒體上的小洞，一點一點拉進你的網站，而你早已等在那裡，準備好使出一記扎實的右鉤拳，成功銷售。

刺拳帶來意外相遇的驚喜

很多品牌和公司全心創作原創釘文，但就像 Twitter 一樣，把別人帶到這個平台來的內容，融入自己的釘文中，也可以帶來龐大的價值。你可能沒有直接增加銷售量，但是你化身為消費者信任的人，帶給他們價值，提高他們在需要時第一個想到你的機會。例如，茶商把一張漂亮的茶壺照片轉釘到「茶具」板上，它可以在底下註明，「這個茶壺看起來很漂亮，但除非你把茶加到最滿，不然就得把茶壺整個倒扣，水才出得來，但小心喔！這樣子的動作很容易燙到手。我們深信在我們釘文的同時，這間公司已經在修正這種設計帶來的問題了。」你沒有攻擊那個品牌，只是依據自己使用茶壺的經驗陳述事實而已。同一家茶商也可以轉釘「茶長雞尾酒裙」（tea-length cocktail dress；譯註：即中長裙，裙長及膝）的照片，附上圖說：「著緞品茶，加倍甘醇。」這種轉釘他人釘文，並加上註解、重新詮釋的釘文，很適合轉推到 Twitter，而 Twitter 上的推文有可能把你的 Twitter 追隨者引入 Pinterest 專頁。邀請大家來辯論和討論或是提出有趣、驚喜的內容時，你不只增加建立連結的機會，還增加未來提升銷售量的機會。

建立一些和你的品牌只沾到一點邊的板，也是有效吸引更多追隨者的方式。如果你每一則釘文都跟茶有關，就只能接觸到對茶有興趣的族群，但你如果建立一個叫做「喝杯茶後該去哪裡休息」的板，在上面釘上英國、印度和亞洲的高級旅館或其他住宿地點，就會接觸到更多不同種類的消費者，像是度假者、蜜月旅客和商務旅人。如果你表現得夠真心誠意，甚至有可能利用跟你的品牌完全無關的板建立社群。Pinterest 這種設計給小公司和創業家很大的優勢，因為和那些大公司相比，他們可以恣意展現風格，不受法務和公關限制。你的釘文可以和你居住的城市相關，可以寫音樂、書籍和電影，可以跟寵物相關，也可以討論公司支持的議題。這是一

個讓用戶看到完整故事的絕佳管道，你甚至不需要多說一個字。

　　如果你的刺拳總是精采又有創意，你的右鉤拳就更有機會吸引到大家的注意。除了實際的清單，像是綠茶、紅茶、波爾茶，和一些較細的清單，例如，「約會失敗後的茶」和「週日早安茶」之外，你應該再加上本月推薦茶品，積極宣傳。如果你揮出夠多次吸引人的刺拳，大家偶爾看到幾記右鉤拳的時候，就不會覺得難以忍受，他們甚至會很高興，你讓他們在試用你的產品時更輕鬆。

用刺拳打造社群

　　留言是 Pinterest 上新興的功能，但他們是吸引讀者來探索的最佳媒介。因為 Pinterest 上很少人積極用留言功能來形塑情境或提升知名度，所以品牌可以輕易透過留言的方式，展現自己的不同、引起注意。如果你是 Twitter 用戶，想必很清楚這個功能的運作方式：找機會跟和你興趣相同的人聊天，真心對別人的釘文感興趣，並找機會利用對話為釘文加上情境。透過與其他 Pinterest 用戶互動，你讓他們想點你的名字、多了解你一點。你的圖說也是讓大家留言回應的機會，釘文的標題夠聳動，像「約會失敗後喝的茶」就很可能吸引人們留言，留言內容可能是「希望我今晚不需要」或「我上週最需要它的時候，它在哪裡？」這就是你的機會，提供讀者新鮮有趣的方式抱怨單身男女的窘境，打造一個建立關係的完美開端，讓你拓展社群、提供大家有價值的資訊。

　　此外，留言讓品牌有機會對別人的釘文提出見解。例如前面提到的茶壺公司，看到茶商對自家產品的質疑，應該要馬上回覆，解釋是茶商的使用方式錯誤，或承認疏失並宣告自己一定會解決問題。

按規則來

　　Pinterest 一直努力要大家在網站上維持禮節，但仔細想想，Pinterest 的規則和現實社會的規則其實差不多。身為企業，最重要的是要和藹可親，讓你的客人知道你很關心他們——用吸引人、激勵人心的方式，展現你的關切、不吝惜分享知識、維持誠信。如果你不能提供客人他們需要的東西，記得幫他找到幫得上忙的人。善用每一個和客人接觸的管道來編織故事，讓別人知道你是誰、你的品牌定位。唯有如此你才能集中火力，奮力使出致勝右鉤拳。

WHOLEFOODS
全食超市 ——————— 有夢最美

Whole Foods Market • 20 weeks ago
超奢華廚房！

這個網站上有一半以上的人只會轉釘，絕對不會真的去烤三層蛋糕，更少人有像全食超市在「最夯廚房」板上的貼圖中這麼華麗的廚房，但全食超市知道做夢無傷大雅。事實上，全食超市本身也算是追夢人，幾乎沒有人可以只在全食超市購物，吃的東西也不可能全部都達到全食超市的健康餐標準，但我們都希望自己可以做到。許多人都想達到全食超市提倡的理想生活形態，而全食超市的動態顯示出它懂得以 Pinterest 為媒介，滿足大家的渴望。這就是為什麼全食超市貼出的照片，不只是精美的食物照，我們想煮飯或用餐的地方也是主角之一。以下是這則微故事成功的原因：

> **高品質的內容**：房仲跟大廚都不喜歡拍自己的房地產或食物是有原因的，因為不討喜。專業攝影師知道怎麼運用光和空間，讓產品看起來最完美。粉絲總愛想像自己如何按照部落格或書上寫

的，煮幾道菜或是把房子裝潢得更華美，而這樣的照片會帶給他們靈感。雖然照片裡的主角看起來特別美，往往是因為攝影師用了特殊的燈光和技巧，現實生活中根本不可能做到這種程度，但這也無所謂，通常消費者想買的就是那個理想產品（特別是在選購食物或房地產的時候），而不是真正的產品。這張照片如果出現在美國高質感的建築雜誌《建築文摘》（*Architectural Digest*）上，也不會顯得突兀，事實上，他本來就是擅長拍攝建築跟室內裝潢的攝影師伊萬・約瑟夫（Evan Joseph）的作品。全食超市用這張轉釘來的照片，成功吸引房地產跟食物兩個市場的消費者。

> **充滿渴望的訊息**：多數人根本不可能擁有這樣的廚房，因為它其實位在之前的紐澤西富里克山莊，那是棟八百四十坪大的石頭別墅。但是把這張照片分享在「最夯廚房」板，全食超市其實是在宣告，「我的客人值得住在這麼棒的地方」，這是則非常強烈的訊息。

> **營造社群感**：這則釘文的內容不是全食超市原創的，他是從一個有關健康食品和生活的部落格——英格登公司（Ingredients, Inc.）——轉釘而來。轉釘他人的素材是吸引新消費客群注意的好方法，也可以讓自己的品牌更有人情味，顯示你也看客人的部落格和網站，告訴他們你和他們興趣相同。

> **長期關係**：雖然全食超市是「最夯廚房」板的板主，但它實際上開放給至少五個作者經營，這五個人都是在社群媒體上很有影響力的人。全食超市採取的是漸進式策略，專注於用合作和口碑建立長期關係，而不是短期、瞬間的爆紅品牌或產品代言。

JORDAN WINERY
喬登酒廠 ——————— 品一口品質

Jordan Vineyard & Winery • 12 weeks ago
喬登主廚與釀酒師傳授選搭紅酒與起司的祕訣

喬登酒廠善用 Pinterest 異於其他社群媒體的特長，漂亮出擊：

> **有夢想、為 Pinterest 而設的圖片**：看看這張活潑、乾淨、可以放在雜誌上的照片，照片中的紅酒和起司讓你忍不住幻想自己正在海灘上浪漫約會，或是正主辦一場高雅的派對。這張照片讓人感覺喬登酒廠是為了有品味的人而存在，完全吻合 Pinterest 用戶愛做夢的個性。這看起來不像是圖庫抓來的照片，反而像英國權威美食雜誌《美味》（Saveur）中，為公司小檔案拍攝的精美照。

> **聰明的定位**：雖然發布這張照片是為了討好品味高雅的人，但是喬登酒廠選擇把它貼在較親民的「紅酒 101」初階板，換言之，喬登是想把酒賣給有品味的人，但他們不會大小眼——他們也為新手服務。

> **連結用得好**：這張照片是通往較長內文的入口，點一下照片就可以連到公司網站上的文章，詳細描述要成功配對紅酒跟起司，背後的邏輯跟試驗是什麼，網頁上還有報名酒廠品酒之旅的相關訊息。

這則微故事是一記滿足愛酒人和社群媒體用戶的刺拳，我給喬登酒廠三個讚。

CHOBANI
牧羊人 ————————— 直攻消費者的心

如前所述，Pinterest 有 80% 的用戶是女性，50% 的用戶有小孩。牧羊人這則以小孩為對象的刺拳，顯示他懂得 Pinterest 用戶的心。

> **照片**：有趣、多彩、簡單。這張照片的目的是要讓家長會心一笑，依它被轉釘的次數看來，應該算成功達陣。
> **文案**：有趣、多彩、簡單。
> **版面**：主打小孩族群很聰明，把自己定位為有趣、健康點心的提供者更是一絕，牧羊人的做法會讓媽媽們——甚至爸爸們——覺得自己就是「超級爸媽」。

在這個平台上張貼任何東西之前，先問問你自己，這則釘文有沒有辦法通過 Pinterest 的試驗：他能不能同時也是廣告或一流雜誌上的文章附圖？如果不行，他就不屬於 Pinterest。以牧羊人這記刺拳為例，答案鐵定是：Yes！

ARBY'S
速食連鎖餐廳 ———————— 傳達錯誤訊息

這實在糟到不能再糟了。

> **照片**：裁切得很詭異，捲餅的外框剪成階梯狀，把它搞得像從任天堂紅白機逃出來的惡棍，企圖用玉米糖漿和起酥油將你的角色輾平。

> **標語**：「Arby's 的蘋果摺疊派」哇！真是太有創意了！

> **連結**：Arby's 的團隊竟然不知道要在圖片上加官網連結，很讓人意外。

 Arby's • 1 year ago
·Arby's **的蘋果摺疊派**

如果這則 Pinterest 釘文沒有辦法連到 Arby's 的網站，那 Arby's 的數位團隊根本是在浪費時間，看來 Arby's 設立 Pinterest 帳號，純粹是因為有人建議它設一個。如果他們真心想要開發 Pinterest 行銷策略，就會更專注於增進圖片品質，滿足廣大的女性用戶，讓她們「不小心」（因為正常人鐵定不會分享這種內容）逛到這個板的時候，受到吸引。只要多花一點心思，他們就可以讓這個了無生氣的摺疊餅看起來漂亮一點，或至少不那麼像 7-Eleven 從 1985 年開始就在販售的產品。現在這則貼文其實是對消費者說——滾一邊去。

RACHEL ZOE
時尚設計師 ——————— 小失誤，大影響

Rachel Zoe 的個案告訴我們，小細節如何毀掉完美的刺拳或右鉤拳。

> **照片**：我們眼前有一個漂亮的包包，還有幾個步驟教我們如何贏得比賽，看起來這個品牌很有創意，積極創造具遊戲性質的釘文，希望顧客可以進行一些社交行動來換取得獎機會，這個遊戲完全融入 Pinterest。

> **連結**：點一下包包的照片，就會連到服飾精品百貨 Neiman Marcus 的網站購物。點底下的圖說，就可以看到官方規則，Rachel Zoe 的員工顯然頭腦清楚。

> **文案**：這就是出錯的地方了，那段文案其實就是重複我們在照片底下看到的三個步驟。為什麼這是問題？因為這個小差錯，Rachel Zoe 降低了他們這則釘文的價值，如果 Zoe 不用這段文案，而是多講一些關於包包的事情，再附上連結連到公司的活動規則公告，對顧客而言會更有趣也更有意義。

事實上，很多名人的 Pinterest 頁面都和 Rachel Zoe 的釘文，乃至於整個看板一樣，缺少人味。每則釘文的頂端都是 Rachel Zoe 的名字和照片，如果感覺能更像 Rachel Zoe 本人貼的會更好。

這則釘文的問題很小，但卻能造成很大的差異。

RACHEL ZOE

Day 4
Pin to WIN!

*Metallic
Eve Tote*

How to Enter

1 Re-pin this image to a
Pinterest board called
"RZ Holiday Style"

2 Show me how you would **style
my Eve Tote** for the holidays by
Pinning your dream outfit from
around the web!

3 **Email the link** to your board to
social@rachelzoe.com—I will pick
my favorite! You could win the
Valerie sandals for the holidays!

Rachel Zoe • 28 weeks ago

釘文就有機會贏得我的收藏品——金屬色托特包，只要到「RZ 假期風」板上，告訴我你參加假日派對會如何穿搭，就可以囉！把你的個人看板連結寄到 social[at]rachelzoe[dot]com 參加比賽。準備好了嗎？預備，釘！最愛 RZ——官方規則：**www.thezoereport...**

BETHENNY FRANKEL
貝辛妮 · 法蘭科 ——————— 連結失效

Bethenny Frankel • 28 weeks ago
窈窕女孩石榴瑪格麗特

　　貝辛妮 · 法蘭科是「窈窕女孩」瑪格麗特調酒和雞尾酒品牌的發明者，喜歡穿貼身牛仔褲的女性把她當成偶像，愛她的程度就像她愛酒一樣深。可惜她經營 Pinterest 個人看板，不如經營產品那麼重視細節。

> **照片**：在 Pinterest 上（特別是名人的個人看板）很少看到未經後製的圖片，看到這張照片，你一定不會懷疑它可能是貝辛妮親自拍的。通常大家不喜歡把混濁感和飲食連在一起，不過這張照片還是得到不少支持，顯然這種 DIY 風格的照片不會嚇走太多人，這張照片算是過關了。

> **文案**：窈窕女孩石榴瑪格麗特。好像也沒別的好說，何況按一下圖片，消費者就能連到食譜網站或是窈窕女孩官網上的有趣頁面，喔，等等……

> **連結**：消費者如果想從石榴瑪格麗特的圖片連到其他網站，螢幕上會顯示 404 錯誤頁面，上面寫著「找不到網頁」。這實在很不負責任，網頁上的道歉寫得很可愛，旁邊那隻睡睡狗的照片也是，但並不能彌補公司浪費客人的時間和信任的事實，這種大錯會讓品牌顯得不專業。

UNICEF
聯合國兒童基金會 ———————— 散播，不是説故事

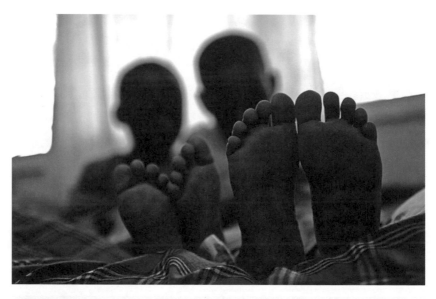

UNICEF • 12 weeks ago

你看得到我嗎？——莎羅梅（Salome，匿名，左側）是 HIV 陽性，她只有七歲，跟妹妹一起住在肯亞的 Turkana Outreach 孤兒院，莎羅梅的媽媽因為從事性工作得到愛滋病，最後死於愛滋病併發症。孤兒院的院長——魯斯 ‧ 庫雅（Ruth Kuya），自己也是在十二歲就成為孤兒。這間孤兒院在 1994 年成立，收容四十名孤兒，大部分都感染 HIV/AIDS，有五位是 HIV 陽性。© UNICEF/Shehzd Noorani。看更多故事：**www.unicef.org/...**

很高興能看到聯合國兒童基金會進步到會用 Pinterest，但很遺憾，他們似乎沒有抓到重點。

> **照片**：這則內容是經典案例，顯示品牌經常錯把社群媒體當成訊息傳遞中心，而不是說故事的管道。這張照片在兩個看板上出現，第一次是釘在「你看得到我嗎？」的板，接著又轉釘到「非營利媒體」板。把同一張貼文發在兩個板，基金會提升的是曝光次數，而不是曝光的品質，這種策略會降低它在 Pinterest 上所有照片的潛在影響力。這張照片如果是放在另一個板上，直接吸引對幫助年輕愛滋受害者或孤兒有興趣的人，會得到更多關注、提升參與度。兒童基金會擁有極為感人的內容，應該要好好善用看板，把讀者的情緒轉成行動，對組織最好。

如果基金會能稍微動動腦，想想怎麼用這麼好的照片對 Pinterest 用戶說故事，它會引起更多迴響。

LAUREN CONRAD
勞倫 · 康拉德 ———————— 講一口流利的 Pinterest 語

勞倫 · 康拉德的釘文內容值得大聲讚揚，因為她能講一口流利的 Pinterest 語。這則釘文各方面都是為了熱愛 Pinterest、上流社會的女性讀者設計的，它也可以當成廣告或是關於康拉德做運動的文章附圖。事實上，只要點這張圖片，就會連到康拉德的部落格，她在部落格上建議大家要怎麼運動才能修飾腿型，為夏天做足準備。這則釘文有兩千五百人轉釘，顯示名人品牌只要會說平台專屬的語言，就能獲得很大的迴響。這記刺拳展現對平台的尊重，還有對目標族群的用心，非常到位。

LaurenConrad.com · 11 weeks ago
勞倫 · 康拉德的美腿運動
｛釘選並且在健身房做操！｝

LULULEMON
檸檬露露瑜伽褲 ——————— 失焦

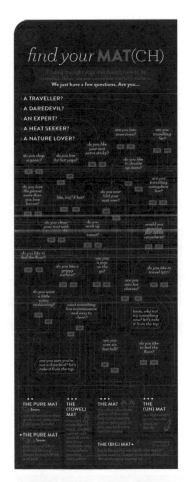

 lululemon athletica • 18 weeks ago
還在找你的「絕佳拍墊」，卻不知道該從何找起嗎？我們為你設計了資訊圖表，
讓你迅速找到屬於自己的瑜珈墊——快來看看吧！

又是一個小失誤毀掉超強右鉤拳的例子。

> **圖片**：資訊圖表在 Pinterest 上通常能吸引很多人注意，檸檬露露設計這張圖表，讓大家用玩遊戲的方式找到完美瑜伽墊，聰明又有創意。

> **連結**：沒有連結。點擊照片會跳出這張照片的另一種版本。讓大家從 Pinterest 連到外部網站會帶來流量，也會帶來行動，為什麼檸檬露露不放零售頁面的連結呢？讓大家看看釘文中提到的那些瑜伽墊，這樣想買的人才真的能買到「絕佳拍墊」啊！

看到這麼好的釘文被浪費，真的很讓人失望。

在 Pinterest 上釘文前，請問自己：

圖片能不能滿足消費者的夢想？

看板的標題是否夠聰明、有創意？

是否在適當的時候標上價錢？

每一張照片都有附上外部連結？

這則釘文能夠同時成為廣告或一流雜誌中的文章附圖嗎？

人們是否能輕易將這張圖片歸類，轉釘到自己的板上？

ROUND 6

在 Instagram 創造動人藝術

- 2010 年 10 月創立
- 2012 年 12 月時，Instagram 號稱有 1.3 億活躍用戶[1]
- 每天有四千萬張照片上傳到 Instagram[2]
- Flickr 花了兩年才達到一億張照片上傳的里程碑，Instagram 只花了八個月就突破一億大關[3]
- Instagram 上的照片每秒吸引一千則留言[4]
- 2013 年 6 月，Instagram 推出影音分享服務[5]
- Instagram 是由地理位置定位應用程式 Burbn 起家，當時共同創辦人凱文·希斯特羅姆（Kevin Systrom）和麥可·克里格（Mike Krieger）決定要修改這個應用程式，他們取消多數功能，只留下照片、留言和按讚。

Instagram 和 Pinterest 都是以視覺效果為中心的社群網絡，都具有「與生俱來的效能」（baked-in utility），那是我自創的詞，意指他們把份內的事（幫你拍出更好的行動照片）做得非常好。然而，對行銷人員而言，Instagram 是非常有挑戰性的平台，因為 Instagram 和 Pinterest 有一個主要差異：Pinterest 鼓勵大家轉釘，但 Instagram 用戶只能分享自己的 Instagram 照片。此外，Pinterest 允許你在照片上附外部連結，消費者點一下就能連到你的產品或服務頁面，但 Instagram 是封閉的，點擊照片會回到 Instagram。Instagram 這招很高竿，但對於想要把流量匯集到特定網站的行銷人員而言，這個設計就有點麻煩了。

$\vee$

　　既然 Instagram 在行銷上有它的局限性，為什麼品牌還是應該盡快開始上傳照片呢？理由和他們在美食雜誌《佳餚》（*Fine Cooking*）、《時尚》雜誌（*Vogue*）、《時人》雜誌（*People*），甚至旅遊雜誌《查爾斯頓旅人》（*Traveler of Charleston*）上刊登廣告的原因一樣，你如果把雜誌中、廣告之間的一般文章拿掉，它就是一個小型的畫廊，充滿美麗、觸動人心，甚至挑逗性十足的照片。雜誌是消費者平台，Instagram 也是，兩者只有些微差異，例如 Instagram 用戶可以按照片讚或留言，互動性稍高；Instagram 具有分享和流通的元素，Instagram 帳號可以和 Facebook、Twitter 連結，品牌能藉此增加產品知名度、打造好口碑；雖然 Instagram 沒有轉發貼圖（regram）的功能，用戶還是可以互相追蹤。不過話說回來，你上傳照片到 Instagram 後，其他人幾乎不能馬上對你的內文做出任何回應，就像在雜誌刊登廣告一樣，你在 Instagram 打廣告的原因是為了提高能見度。

在雜誌上登廣告是為了接觸特定族群，接觸到的人數可以透過雜誌訂閱率衡量。Instagram 的用戶數多得嚇人，在我寫這本書的時候，它有一億個活躍用戶，[6] 而且每一秒就增加一名新用戶，[7] 依照這種成長速度計算，在這本書出版的時候，Instagram 很有可能又增加 1.5 億個用戶了。如果你的品牌認為花數十萬甚至數百萬在雜誌上刊登精美廣告很值得，為什麼不覺得把類似的內容免費放在 Instagram 上也很值得呢？

透過 Instagram，你可以用很低的成本接觸到非常多人，這一點彌補了它社群功能的不足。Instagram 應用程式成長速度飛快，證明人們愈來愈喜歡行動、以圖片為主的內容。一如往常，消費者去哪裡，行銷人員就應該跟到哪裡，你應該把 Instagram 當作一個使用刺拳戰術的好平台，在那裡設定自己的口吻、說你的故事、加強你的品牌形象。

即便有種種互動限制，在 Instagram 上還是可以使出右鉤拳的。想當初第一版的 Twitter 也沒有轉推功能，在 Twitter 推出那個功能之前，最早來到 Twitter 的先鋒部隊（包括我和我的幾個朋友）會用剪下、貼上的方式，把別人的推文貼到自己的動態消息頁。現在大家也會用螢幕擷取功能，擷取自己喜歡的 Instagram 圖片，再重新貼文，或用最新開發的應用程式達到相同結果。其實，只要你用心，絕對有辦法突破，你不能在圖片上嵌入外部連結，但還是可以在圖說中加上網址，大眾不是笨蛋，他們知道該怎麼做。你甚至可以告訴讀者，到你貼的網站去，輸入密語「Instagram」就可以享有商品或服務九折優惠（雖然我們討論過，這種行動呼籲的方式，結果不會高於一般水平，也不會比可以直接連出去的外部連結效果好）。這種做法盡量少用，太常發出行動呼籲會讓大家覺得你在貼廢文，但在你使出一系列刺拳後，偶然來一記右鉤拳是可以接受的。現在 Instagram 上很少人用右鉤拳，使出右鉤拳可能讓

人眼睛為之一亮，只是你我都心知肚明，一旦行銷人員開始大量使用，這種技巧很快就會失效。

成功創作 Instagram 內容的小撇步

1. **要讓它很「Instagram」**。大家喜歡 Instagram 是因為目前的貼文品質都不錯，大家上 Instagram 不是為了看廣告跟圖庫的圖片。真正的 Instagram 貼文有美感，而且不商業化，請用你的內容展現真實的自己，而不是商業化的自己。

2. **接觸 Instagram 世代**：學著讓 Instagram 為你工作，它就能成為你接觸下個世代社群用戶的管道。孩子的爸媽還在用 Facebook，但他們已經在用 Instagram 了，我深信他們以後會持續使用，就像 2011 年我相信 Facebook 會買下 Instagram 一樣堅定。Facebook 在 2012 年的春天，真的砸下十億美元的現金跟股票收購 Instagram，消息發布隔天，我在皮爾斯・摩根（Piers Morgan）的節目上公開支持 Facebook 的做法，當時我提出的解釋是：你去看線上內容這一路的演進，從 Flickr 到 MySpace，再到 Facebook、Tumblr 和 Pinterest，就會清楚看到照片的重要性愈來愈高，逐步成為社群媒體世界的主流。 2011 年，Instagram 的勢力開始不斷擴大，大到讓 Facebook 無法忽視。雖然 Facebook 功能眾多，包括動態消息、專頁、廣告等，但 Instagram 用行動裝置和圖片建立的服務，依然對想在照片分享平台稱雄的 Facebook 造成威脅。事實上，Instagram 是目前唯一在這方面威脅到 Facebook 的平台，逼得 Facebook 非把它買下來不可。我在節目上說，Facebook 才花十億美元算是賺到了，很多人嘲笑我的發言，但你現在去看看誰還笑得出來？

3. **為主題標籤瘋狂**：主題標籤在 Instagram 上扮演重要角色，甚至可能超越它

在 Twitter 上的重要性。如果說 Twitter 上的主題標籤是杯子蛋糕上的巧克力脆片，Instagram 上的主題標籤就是整個杯子蛋糕。在 Twitter 上，主題標籤只是你一天要個一、兩次的幽默或嘲諷，但你在 Instagram 上的主題標籤永遠不嫌多，你大可以在貼文中連續放五、六個，甚至十個主題標籤，這還是個不錯的溝通方式。就算你不希望貼文上塞滿主題標籤也沒關係，可以改放到照片底下的留言中，兩種方式的結果一模一樣。點一下主題標籤，用戶就能看到一整頁、滿滿都是具有相同主題標籤的圖片，沒有比這個更容易建立品牌知名度和吸收追隨者的方式了。主題標籤是把人引進來、發掘你的品牌的門廊，沒有它們就沒有曝光度。

4. 讓你變成值得探索的品牌：Instagram 上最驚豔、最觸動人心的內容，會被導入一個叫做「探索頁面」（Explore page）的頁面，只要登上「探索頁面」，就算用戶沒有追隨你，也看得到貼文。Instagram 強力宣稱按讚的次數多寡不是貼圖能否登上「探索頁面」的唯一標準，但它絕對是重要考量。登上「探索頁面」會大幅提升品牌形象，讓品牌更上層樓，大部分的小公司，甚至《財星》五百大企業幾乎都擠不進這扇窄門，但是正在看這本書的名人都應該特別注意這個大好機會。

BEN & JERRY'S
班傑利冰淇淋 ──────── 分享愛

benandjerrys　　　　　　　　　　16w
和平，愛，冰淇淋 # 粉絲照片星期五
（#fanfotofriday）via @ebbawallden

　　班傑利冰淇淋這則微故事非常合 Instagram 的口味──留白又甜蜜。他們的產品看起來很有時尚感，所以即便品牌商標是在 Instagram 上揮好刺拳的重點，但他們不放也沒關係。

　　全國性的大型品牌特別點出某個粉絲是很棒的做法。這張照片其實是一個瑞典人在準備吃點心的時候拍的，你可以看到攝影者和班傑利冰淇淋完整的互動過程──班傑利冰淇淋讚美她、希望能在自己的頁面上引述她的專頁（Instagram.com/ebbawallden）。如果要做得更精細，班傑利冰淇淋可以設計讓讀者按「愛心」的時候，跳出來的那顆愛心剛好跟照片中的心形碗重疊，讓人會心一笑。

GAP
蓋璞服飾 ———————— 抓住社群媒體背後的「社群」

gap   34w
萬聖節快樂！@Snackbpc，感謝你
雕刻出這麼經典的南瓜

　　來看看對朋友伸出援手後，會發生什麼事？他在蓋璞工作，問你可不可以借用你精湛的雕刻技巧，在南瓜上刻蓋璞的商標。你答應了，並且把成品上傳到Instagram。一週後，你想到要加上一些標籤：#南瓜（#pumpkin）、#蓋璞（#gap）、#品牌商標（#logo）。理所當然地，你收到蓋璞的訊息，問你可不可以把照片分享到他們的 Instagram 上。

　　以節慶為主題的動態通常很吸引人，蓋璞要是放走這個用刺拳試探粉絲的大好機會，又沒跟這個幫他們打廣告的 Instagram 用戶互動到，那它真的是瘋了。從這則動態可以看出蓋璞知道社群媒體的背後是「社群」，而且懂得挑選 Instagram 上的客製化內容。

GANSEVOORT
大飯店 —————————— 為愛發聲

gansevoort　　　　　　　　　14w
西印度群島中的土克群島和凱克斯群島打賭，
賭你一定是個 # 海灘（#beach）愛好者

　　這張用得巧妙又有美感的照片是很傑出的一擊。這種照片會在讀者滑過動態消息頁的時候，瞬間觸動他們的心。這則動態好到沒話說的原因在於他是專為平台打造的，當你連點兩次照片，送它一顆愛心，那顆愛心會幾乎跟海灘上的愛心融為一體，這應該是他們特別裁切照片才達成的效果。再加上精心挑選的主題標籤，這則動態堪稱經典又有趣的故事，正是讀者想分享的貼文。

LEVI'S
牛仔褲 ——————— 錯失良機

如果這則動態的目標是要閃瞎 Levi's 在 Instagram 上的追隨者,那可以說是非常強大的右鉤拳,但如果不是,我就想不透 Levi's 的目標是什麼了。這應該要是一則有創意的節慶主題貼文,但是大家老愛用節慶當貼文主題,是因為它可以帶來驚喜、懷舊或期待感,Levi's 這則動態卻完全沒有辦法激發任何情感,既沒說故事,也沒跟粉絲互動,對品牌完全沒好處。如果 Levi's 是賣電燈泡的,或是電器行,那這則貼文就有意義,但它跟牛仔褲有什麼關係?這感覺就像有人一邊翻找圖庫,一邊想著要怎麼讓它符合節慶主題。Levi's 平時很懂得經營品牌,出這種包實在讓人失望。

OAKLEY
歐克利太陽眼鏡 ——————— 割捨掉不該割捨的

 oakley   12w

整個禮拜都落入沙坑嗎？
還有誰沒看過 # 布巴 ‧ 華生 (#bubbawatson) 的氣墊船 ？
快來看看吧：http://oak.ly/13Vv5l

逛一逛歐克利的 Instagram 專頁，會看到一張張美照，展示他們一系列太陽眼鏡和其他運動裝備，但卻有人發了這則垃圾動態，破壞版面。這則動態背後的故事其實隱藏很大的爆發力，被這樣白白浪費實在很可惜。

歐克利跟 2012 高爾夫球名人賽冠軍布巴・華生（Bubba Watson）合作，推出全世界第一台氣墊船高爾夫球車，這台機器很神奇，可以輕鬆划過平坦球道、水障礙，甚至是沙坑，而且因為足跡壓力低，所以不會留下痕跡。這支影片就是用來推廣這個名為「布巴氣墊船」的新發明，吸引超過三百萬人次觀看，也得到媒體大幅報導。歐克利自然想確保自己在 Instagram 上的粉絲不會錯過這個消息，加上 2013 高爾夫球名人賽即將揭開序幕，它更是急於宣傳。

我猜（純猜測）歐克利衡量這則動態成不成功的方式，就是看它為這支影片創造多少點閱率，這就是他們失敗的原因──你沒辦法在 Instagram 上放外部連結，而幾乎沒有人會花時間複製你的連結，再貼到網址列。因為歐克利在乎影片的點閱率，勝過怎麼設計好的貼文內容，所以它沒有尊重平台上這群年輕又有創意的用戶。他們應該要用這個平台上的方式說故事，放一張氣墊船的帥照，或許可以從不同角度拍，或是看怎麼樣用有創意的方法拍攝，吸引 Instagram 用戶到歐克利放這支影片的官網。但歐克利的做法卻是放一張廢廢的影片定格照，還是有人送他們愛心，但是他們這種虎頭蛇尾的執行力，絕對讓他們錯過非常多的互動機會。

THE MEATBALL SHOP
肉丸店 ———————— 用超強力行動呼籲躲避 Instagram 的弱點

 meatballers   16w

#全國肉丸日快樂！在 @meatballers 專頁上，標記你宇宙無敵酷的肉丸時刻，
並且以 # 全國肉丸日做為主題標籤。最有創意的前三個貼圖，就能獲得我
們的限量黑色和金色絞肉機球帽喔！

在 Instagram 上不能放外部連結，要使出右鉤拳並不容易，但還是做得到。關鍵就是要在內文中放入格外激勵人心的故事，讓大家願意回應你的行動呼籲。肉丸店利用這一點成功行銷，它們是這樣做的：

> **一開始就丟出聰明的商業構想**：塑造肉丸的精緻美食形象
> **靠肉丸的精緻美食形象走紅**
> **善用瘋狂但真實的節日**：全國肉丸日
> **貼出「Instagram 感」十足的照片**

附上主題標籤，並且讓內文變得具遊戲性質：鼓勵追隨者上傳自己最喜歡的「肉丸時刻」照，就有機會出現在肉丸店的 Instagram 和 Twitter 專頁，並且獲得肉丸店自製的絞肉機球帽。

追隨者中有 1% 的人跟這則動態互動，這對一個追隨者少的小公司而言，已經算很多了。

這則動態也讓肉丸店在書中被譽為超強力執行的 Instagram 右鉤拳，*讓更多人知道這家店，也讓更多人想吃肉丸。

希望再版的時候，可以把「書」改成《紐約時報》（*New York Times*）暢銷書排行榜第一名」。

BONOBOS
男裝 —————— 高竿的跨平台助攻策略

bonobos　　　　　　　　　11w
就在今晚！在 Vine 上輸入 #Fit4Fall，
跟著我們搶先看

　　Bonobos 剛起家的時候，是網路限定的時裝品牌，在數位世界扎根扎得很深，因此當他們開始挖掘新平台固有的全新可能的時候，Bonobos 自然能展現驚人的機敏。利用各個平台相互助攻，是在各處建立品牌知名度的好方式，在這則動態中，Bonobos 的機巧處，在於他們用一記右鉤拳邀請追隨者到 Vine 去一窺今年的秋冬新裝。且看他們如何善用主題標籤文化，又如何仔細地把 Vine 的商標放在右下角。他們的照片成功留白，充滿藝術氣息。

　　Bonobos 照顧到所有細節，所以才能在成功揮出右鉤拳的同時，延續內行、創意、創新的品牌形象。

SEAWORLD
海洋公園 ——————— 隨便，隨便，隨便

seaworldorlando　　　　　　　　　　19w
誰想來場樂團、釀酒和 BBQ 饗宴啊？

　　如果你平常時表現很好，失常的時候往往特別明顯。海洋公園在 Instagram 上通常都會發出宣傳力強、吸引人的內容，但這次卻是個敗筆，這則動態是我看過最爛的貼文之一。主題公園通常會盡力確保自己的活動看起來不容錯過，但這則動態卻讓人感覺這個活動帶給參與者的娛樂性跟興奮感，跟大學樂團重新合體時辦的音樂會差不多。圖片模糊、左右兩邊的活動時間還被切掉了——海洋公園在想什麼啊？揮一記半吊子的右鉤拳比亂用刺拳更糟，海洋公園這則動態就是一記半吊子的右鉤拳。

GUTHRIE GREEN PARK
戈賽里綠色公園 ——————— 表現得像真人

 guthriegreen　　　　　　　　　　　　　　　　2w
轉貼自 @h_kell 的 #guthriegreen 美照
轉貼（#regram）# 塔爾薩市中心（#downtowntulsa）

　　想像這座公園就在你家附近，你能想像這張照片變成社群媒體上的重要貼文嗎？不會吧，是吧？但是這座公園卻很積極要建立品牌資產，在 Instagram 上靈巧地使出刺拳。它轉貼的這張照片，是由奧克拉荷馬州、塔爾薩市的居民和到公園玩的遊客拍攝的，戈賽里轉貼這張照片的舉動，就是一般用戶會做的，因而提振他的影響力。這個品牌緣起於地方社區，因此它很清楚如何與社群互動。我很喜歡跟大家分享抓到訣竅的組織，更喜歡放眼未來。未來，這座公園將不再特立獨行，所有新創公司、新企業和新名人，都將知道如何在社群媒體上，做出客製化的內容。

COMEDY CENTRAL
喜劇中心 ———————— 串聯社群

comedycentral   16w
自拍櫃（#shelfie）

這是一張自拍「櫃」，懂了嗎？宇宙無敵好笑。

我常常罵別人照片品質太差，這一張照片的品質其實也不好，但是內容實在好到我可以原諒它。雖然照片品質差，但它很真實——整體感覺很自然、沒有經過加工。看到自然、隨機、渾然天成的笑話，讀者會覺得這是很單純的個人貼文。然而，真的讓這張照片勝出的是它的主題標籤「#自拍櫃」（#shelfie），這比之前 Instagram 上所有主題標籤都好笑，是「#自拍照」（#selfie）的雙關語。這個雙關語好笑、高明，符合品牌風格，大大提升品牌形象。群眾會分享這類貼文，而且是大量轉載，喜劇中心真的很懂得利用 Instagram 的力量，不管世界如何運轉，喜劇中心都成功地利用這個平台，把社群串聯在一起，為大家創造歡樂時刻。這樣的時刻是無價的，唯有真正了解社群媒體的品牌，才能變出這樣的魔法。

在 Instagram 上貼文前，請問自己：

對 Instagram 用戶而言，選圖是否夠有美感、留白是否夠多？

是否附上敘述性高的主題標籤？

故事能不能吸引年輕族群？

ROUND 7

在 Tumblr 讓圖像動起來

- 2007 年 2 月創立
- 2013 年 6 月時有 1.32 億不重複用戶（unique users；譯註：不重複用戶是指某一網站或頻道的整體瀏覽頁次遞送到多少個別電腦，因此同個用戶多次登入，只會計算一次）[1]
- 每天新增六千萬則貼文 [2]
- Tumblr 部落格原本是在 WordPress（譯註：WordPress 是一個開放原始碼網誌／內容管理系統，專注於美學、網頁標準和易用性的個人發布平台）上經營，一直到 2008 年 5 月才移到 Tumblr [3]
- Tumblr 每推出一個新功能，就會移除一個舊的 [4]
- 訪客平均停留分鐘數排名第一（Facebook 排名第三）[5]
- 2013 年 5 月 19 日被雅虎（Yahoo）以十一億美元併購 [6]

不是每個人都用得慣 Tumblr，它的用戶年齡層偏低，主要介於十八到三十四歲之間，女性用戶占比稍微多一點。如果說 Twitter 走的是嘻哈風，那 Tumblr 就是獨立搖滾樂。Tumblr 是充滿藝術氣息，是攝影師、音樂家和平面設計師的展覽空間。雖然 Tumblr 的規模不如 Pinterest 或 Instagram，但它依然是值得關注的行銷平台。

$$\vee$$

　　我對 Tumblr 有莫名的好感，2009 年甚至出錢投資它。我的事業剛起步時，我就是 Tumblr 的超級粉絲了，不只是因為它好用，還因為它特有的格式。Tumblr 的「極簡風」格式適合篇幅短、著重視覺效果的貼文。事實上，Tumblr 的年輕創辦人——年僅二十六歲的大衛 ・ 卡普（David Karp）創立 Tumblr 的原因，正是因為他想寫網誌，但卻發現傳統部落格平台上的「超大空白文字窗格」很嚇人。他和我遇到一樣的問題：有很多想法要分享，卻討厭寫作。[7] 用戶瀏覽網頁時，開始看到一則則隨機四散的微小內容，Tumblr 的「水果沙拉」（obstalat，德文）格式提供這些內容一個完美的平台。[8]

　　很多人還是把 Tumblr 定位成網誌平台，但它在 2007 年成立後，不出幾年就超越那個定位了。2012 年 1 月，Tumblr 首度推出精簡的「儀表板」（dashboard），[9] 讓用戶連結到所有 Tumblr 的功能，顯示它想要「Twitter 化」的企圖心，也可以看出它已經演化為成熟的社群網站。新功能推出當月，創辦人卡普接受《富比世》雜誌專訪，[10] 指稱 Tumblr 為「媒體網絡」（media network），那是什麼？什麼都是，但要善用這個平台，品牌需要把它視為可以形塑品牌且獨特的微故事展示空間和拳擊練習場。

Tumblr 如何幫你擦亮招牌？

　　Tumblr 是無可匹敵的品牌建構平台。你可以從 Tumblr 推出的一系列「主題」（themes）中，挑選個人首頁背景，再按照個人喜好調整，還可以創造完全客製化的外觀，用來完整呈現你的品牌，再透過內容說故事。顏色、格式、字型、美編、商標擺放位置全由你決定，你可以無限制地發揮創意，不像在 Facebook 上，你總是被局限在 Facebook 的「一號樣式」，就算 Twitter 的個人專頁有一些客製化選項，用戶滑手機的時候，還是像在看吃角子老虎機上，拉把後迅速跑過的模糊文字，但 Tumblr 讓你完全控制頁面外觀，這意味著品牌又有嘗試嶄新、具創意的說故事方式的機會了。

Tumblr 為什麼獨特？

　　Tumblr 跟 Facebook 還有 Twitter 不同，它不是透過你認識的人建立關聯，換言之，不是用社交圖譜（social graph）建立連結，而是原創的興趣圖譜（interest graph）平台。在 Tumblr 上，用戶依興趣建立關係，你只要端出一盤秀色可餐的食物，人群自然會找到你，而且在 Tumblr 上，你有一道格外誘人的佳餚──其他社群媒體上無法張貼的 GIF 動畫。

　　GIF 是「圖像互換格式」（Graphics Interchange Format）的縮寫，這個全名完全沒辦法解釋它是什麼東西，但你一定看過這種圖片。連《牛津英語辭典》（*Oxford English Dictionary*）都把 GIF 選為 2012 年美國的年度代表字，GIF 的普及性可見一斑。如果你經歷過《艾莉的異想世界》（*Ally McBeal*）的年代，一定記得每隔一段時間就會出現的跳舞娃娃，那就是早期的 GIF 動畫模因。現在，你可能會看到有人

貼出三秒鐘循環播放的圖像，看美國脫口秀主持人歐普拉（Oprah）穿越人群，或是靜態風景照中的樹木隨風搖擺，這些都是 GIF 動畫。人們也會用 GIF 做真人表情符號，例如用 GIF 動畫播放名人張大嘴巴的樣子，代表驚喜或驚嚇。

GIF 動畫已成為全新的文化活動和表達自己的方式，而 Tumblr 是最常使用 GIF 的平台。人們用 GIF 動畫創造驚人的藝術，把平凡的圖像變成奇幻小世界。魚的照片很美，魚的嘴巴不斷閉合的照片則是驚喜的、有趣的、戲劇性又動感的。你可以把 Twitter 大頭貼設成 GIF 動畫，但基本上，除了 Google+ 以外，沒有其他社群媒體像 Tumblr 一樣，讓你利用如此驚豔、有力的工具說故事。

然而，Tumblr 的用戶和 Pinterest、Instagram 這些以圖像為主的網站相比，少得可憐，面對這麼少的用戶，為什麼在 Tumblr 上可以用 GIF 說故事還是有其重要性？依據在 Tumblr 上做的非科學性比較，一般而言，人們面對動畫圖時，互動的程度遠超過和靜態圖片的互動。在華麗的圖片旁邊放上一張無趣的圖像，前者得到的愛心（或「讚」）卻往往只有旁邊那張圖的三分之一，只因為那張無趣的圖是 GIF 動畫。行銷人員的工作是要讓客人感到驚喜和驚奇，而 GIF 動畫這個新興的工具，正好可以摻雜許多驚喜和驚奇的元素。

Tumblr 為什麼是超棒的拳擊練習場？

Tumblr 一直比較偏刊登平台（publishing platform）而不是消費平台（consumption platform），多數人是來貼文，而不是瀏覽貼文。但用戶還是有在吸收資訊，只是瀏覽的速度快得驚人，這就是為什麼 Tumblr 很適合行動裝置：因為用戶只要一直滑、滑、滑，就可以欣賞無止盡、美麗甚至難忘的圖片。

在 Tumblr 上使用刺拳戰術的機會顯而易見——利用能凸顯品牌特色的驚人藝術作品說故事、打造品牌形象。Tumblr 本身和它的用戶都是藝術派的，以國家做比喻，Tumblr 不是做手工藝、剪貼簿的中美洲，而是充滿都市閣樓、腳踏車和搞笑眼鏡的美國。想讓用戶放慢滑手機的速度，甚至是停下來表達同意——按一下愛心鈕給你一個讚，或是用便籤（note）回應，就要先仔細研究 Tumblr，了解大家想看什麼，用這個平台上的專屬語言與他們對話，盡可能運用 GIF 格式。Tumblr 靠分享內容的簡便性將社群緊密連結，你大可以引用別人的貼文內容，加上自創內文再貼到自己的部落格。最後，要記得加上大量細節標籤，讓想要找相關內容的人，都可以找得到你的貼文。

以刺拳戰術而言，Tumblr 是個非常成熟的平台，可以讓你大展身手，至於右鉤拳，不是不能揮，但要揮得非常、非常小聲。你偶爾可以在貼文底部加上連結，讓用戶連到你的網頁或零售頁面，如果內容夠好，讀者看到連結會很高興，希望能購買你超酷的商品或服務。此外，就像其他平台一樣，要睜大眼睛搜尋把流量變銷量的機會。就算你不覺得 Tumblr 是最適合你的平台，早一點開始用、讓自己習慣它還是比較好，這樣等你的對手發現他錯過機會的時候，你已經壟斷市場了。

我快寫完這章節的時候，雅虎砸了十一億美元買下 Tumblr，但我相信這些技巧依然適用。身為 Tumblr 的投資人，我的想法或許有些偏頗，但我不認為這次收購會對這個平台造成大幅改變，雅虎八成會放手讓大衛・卡普不受約束地一展長才。或許 Tumblr 上會多一些更擾人的廣告，但如果雅虎有在動腦的話，它操縱這個平台的方式就會像當年 Facebook 買 Instagram 一樣——放手別管。

LIFE
《生活》雜誌 ——————————成功搭起世代間的橋梁

生日快樂，馬龍 ‧ 白蘭度（Marlon Brando）——
讓我們用他剛出道時的珍貴照片慶祝吧！

《生活》雜誌從未刊登的私藏品——1949 年，馬龍 ‧ 白蘭度
為第一部電影《男兒本色》（*The Men*）受訓時，中途小歇

(Ed Clark—Time & Life Pictures/Getty Images)

Tweet 0   Like 3

3 APRIL

　　剛剛提到 Tumblr 的優點之一是他提供屬於 GIF 動畫的平台，打造年輕、嬉皮藝術家和前衛公司的集散地。然而，本書中最好的一則 Tumblr 貼文，卻沒有用到 GIF 動畫，也不是特別前衛的公司做的，而是一張首度在雜誌上曝光、六十年前拍攝的黑白照片，這份雜誌已經退出紙本市場，除了特刊可能出現在雜貨店，否則只有在網路上看得到了。

　　這則貼文值得稱讚的原因如下：

> **非常「酷」**：Tumblr 用戶追求酷炫，還有什麼比馬龍・白蘭度更酷嗎？《生活》雜誌是圖片新聞的創始者，但就算對這本雜誌的歷史沒興趣的人，還是會被這張照片吸引，好奇是哪間公司貼的文。

> **搭上時下流行文化**：馬龍・白蘭度的生日當天，他的名字鐵定會是全球話題之一，《生活》雜誌選在這個時間點，而不是隨機抽選一天發布這張圖片，讓他被消費者和其他出版商看到的機會大增。

> **內容有特殊性**：《生活》雜誌公布這張未曾公開、一直躺在資料庫裡的照片，建立一種追求獨家、有深度的形象，這正是 Tumblr 用戶要找的。這則貼文很可能被傳播出去，因為消費者會為了當朋友中第一個發現這則貼文的人，而急於分享。

　　《生活》雜誌這則動態，執行得面面俱到，只要繼續保持，就能接觸年輕族群，替這個老字號雜誌建立知名度。

PAUL SCHEER
保羅 · 席爾 ─────── C 咖諧星用故事推銷自己

夢想真的會實現

Source: breakinggifs.com

⏱ 1 year ago ♥ 888 ∞   [⊞ Share]

你一定看過保羅・席爾，只是你不知道而已。他是 B 咖諧星——而且坦白說，這等級還太高了點，他其實是個標準的 C 咖喜劇演員，牙齒中間有個像大峽谷一樣的大空隙。他參與的演出不勝枚舉，從卡通頻道（Cartoon Network）的分支公司 Adult Swim 播出的刑警推理劇《反恐也瘋狂》（*NTSF:SD.SUV*），到《超級製作人》，再到美國兒童節目 *Yo Gabba Gabba*，最近則是在 FX 電視台播出的夢幻橄欖球喜劇《聯盟》（*The League*）中，擔綱配角。席爾非常迷 AMC 原創電視劇《絕命毒師》（*Breaking Bad*），他創了一個 Tumblr 部落格與粉絲分享《絕命毒師》相關訊息，確定他們持續關注這檔電視劇，如此一來，也讓大家注意到他。席爾確實值得關注，他真的很聰明。

> **善用為平台量身訂做的內容**：GIF 動畫是社群媒體用戶的最愛，甚至被奉為新藝術形態，有人說，「如果達文西（Leonardo da Vinci）現在才畫〈創世紀〉（Sistine Chapel），他就會用 GIF。」[11]〔我知道〈創世紀〉是米開朗基羅（Michelangelo）畫的，但他也會用 GIF！〕Tumblr 是 GIF 動畫的唯一舞台，而席爾懂得善用 Tumblr 的特長。

> **利用流行文化**：席爾的粉絲非常喜歡《絕命毒師》，所以他不和《絕命毒師》搶版面，而是透過 Tumblr 參與既有的話題討論。

> **推廣品牌，而不是推銷品牌**：席爾沒有直接推銷自己，而是利用部落格說故事，為欣賞他搞怪本性的粉絲創造社群。除了《絕命毒師》的粉絲外，喜歡迷幻彩虹和飛行紙箱貓的人也會注意到席爾，邀朋友來看他的部落格。如此一來，粉絲對席爾的欣賞和對部落格的興趣，就不會隨著《絕命毒師》完結而消逝。

席爾利用 Tumblr 行銷自己，踏上通往 A 咖之路，就像喜劇演員貝蒂・懷特（Betty White）還有路易 C.K.（Louis C.K.）一樣，巧妙搭上流行文化和科技的順風車，匯聚勢力，再創職涯高峰。

SMIRNOFF
思美洛伏特加 ——————— 錯得一塌糊塗

6 months ago

想不到要喝什麼酒嗎？快來 @SmirnoffUS 的 Twitter 專頁

喔我的天！你怎麼會想貼這種文章，思美洛？這則貼文顯示你根本不懂 Tumblr 的運作方式。

> **空洞的文字**：你對粉絲說，「想不到要喝什麼酒嗎？快來 @SmirnoffUS 的 Twitter 專頁。」他們會如何回應？你在這則貼文中有端出什麼東西，讓酒類行家相信思美洛講得出有趣的內容嗎？

> **沒有連結**：如果貼文目標是鼓勵 Tumblr 粉絲開始在 Twitter 上追隨思美洛，加上連結應該比較合理吧？消費者的注意力只能集中「一下下」，那「一下下」簡直和蚊子一樣小——你要盡可能幫他們做完所有的工作。

> **無聊的照片**：在可以上傳又酷、又吸引人的 GIF 動畫平台上，選擇用靜態圖片行銷是很糟的決定，如果照片稍有美感一些，像 1990 年代的瑞典「絕對伏特加」（Absolut）那樣，或許還有轉圖的餘地。然而，這張思美洛的圖庫照片能帶給消費者什麼價值嗎？讓酒瓶左右搖晃都比這張圖有趣。

ANGRY BIRDS
憤怒鳥 ——————— 觸動情感神經

這則貼文刊載在 Tumblr 部落格上，該部落格入圍 2012 年網路界年度大獎——威比獎（Webby award）。Rovio 娛樂推出電玩「憤怒鳥」掀起文化熱潮，爾後，憤怒鳥又和另一個文化試金石「星際大戰」（Star Wars）結合，創造出超級成功的「憤怒鳥：星際大戰」。這個部落格走紅的原因很多，但吸睛關鍵只有一個，就是邀請社群加入，這種做法顯示 Rovio 娛樂真的了解 Tumblr。

> **他們邀請社群加入**。你八成認為 Rovio 娛樂公布的內容，都是由頂尖專業人士創作的，但如果你仔細看圖片的左上角，會發現這根本不是 Rovio 娛樂的原創作品，而是粉絲的個人創作。Rovio 娛樂特別標明粉絲的名字，確保所有人都知道這是粉絲畫的，這種手法非常高竿。Tumblr 就像大家庭一樣是個深度連結的社群，而聰明的 Rovio 娛樂想到讓追隨者參與部落格創作，就能讓他們對部落格投入更多感情，成功建立社群並提升品牌知名度。

FRESH AIR
談話節目 ———————— 了解自己的觀眾

POSTED ON 10 APRIL, 2013　188 NOTES | PERMALINK　Reblogged from *nightowlauthor*

我上週生病，幾乎沒進辦公室，所以沒能好好地在 Tumblr 上，向已逝的編劇兼小說家露絲·鮑爾·賈華拉（Ruth Prawer Jhabvala）致敬。賈華拉最有名的劇作應該是她為伊斯曼· 墨詮（Ismail Merchant）和詹姆士· 艾佛利（James Ivory）寫的劇本，包括《窗外有藍天》（Room With A View）和《此情可問天》（Howard's End），這兩部影片為她奪下兩座奧斯卡最佳改編劇本獎。賈華拉享壽八十五歲。

《紐約時報》報導：

「從 1963 年開始，過去四十年來，賈華拉和墨詮導演與艾佛利導演共合作二十二部電影，每一部都從不同角度檢視文化——特別是已逝的文化……

「演員多半是頂尖卡司，而且以英國人為主，如：瑪姬· 史密斯（Maggie Smith）、安東尼· 霍普金斯（Anthony Hopkins）、艾瑪· 湯普遜（Emma Thompson）、丹尼爾· 戴一路易斯（Daniel Day-Lewis）、海倫娜· 寶漢· 卡特（Helena Bonham Carter）和丹妮莎· 蕾格烈福（Vanessa Redgrave）。電影《末路英雄半世情》（Mr. & Mrs. Bridge, 1990）改編自伊凡· 康乃爾（Evan S. Connell）的小說，現實生活中的夫妻保羅· 紐曼（Paul Newman）和瓊安· 伍華德（Joanne Woodward）被招攬為男女主角。

「然而，賈華拉的寫作功不可沒。她寫出精密細緻的對話，精闢解析社會階層和道德細節，」史蒂芬· 豪登（Stephen Holden）在《紐約時報》上寫道。

上圖堪稱史上最經典的螢幕之吻，擷取自電影《窗外有藍天》，由朱利安· 山德斯（Julian Sands）和海倫娜· 寶漢· 卡特領銜主演。

RUTH PRAWER JHABVALA　RIP　OVERSIGHTS

美國全國公共廣播電台（NPR）是個沉穩的媒體，卻經常展現出驚人的機敏，它成功把自己從廣播電台重塑為各數位平台上的資訊傳播者和娛樂提供者，令人敬佩。該電台製作的藝術文化類談話性節目 *Fresh Air* 透過這則完美的 Tumblr 微故事，顯示它和製作者一樣，具有對情感的敏銳度。

> **客製化內容**：GIF 動畫唯一的缺點就是很難在書上呈現，所以你得連上 *Fresh Air* 的 Tumblr 部落格，才能體會動畫的效果，[12] 不過這則紀念編劇賈華拉的文章，展現 *Fresh Air* 完美的執行力，也的確值得你特別到網站上瀏覽。在墨詮監製、艾佛利導演的電影《窗外有藍天》中，由朱利安・山德斯飾演的喬治熱情地親吻露西（海倫娜・寶漢・卡特飾），這則動畫反覆播放這個經典場景，當時的海倫娜看起來甜美純真，和後來在《哈利・波特》中飾演女魔頭貝拉・雷斯壯（Bellatrix Lestrange）的形象相差甚遠。

> **品牌專屬文字**：Tumblr 用戶通常不習慣看這麼長的文章，但這則動態是特別為全國公共廣播電台的觀眾設計的。該電台的觀眾大多熱愛閱讀，賈華拉過世時，全國公共廣播電台卻沒有馬上在部落格發布消息，這有些反常，因此貼文者特別向讀者解釋原因。此外，這則貼文用個人的口吻、充滿 *Fresh Air* 的藝術氣息，讓你感覺到部落格的人情味。

LATE NIGHT WITH JIMMY FALLON
吉米 · 法倫深夜秀 ———————— 讓傑出之火愈燒愈旺

亞當 · 史考特（Adam Scott）談「邁向不惑之路」

(via stupidfuckingquestions)

#late night with jimmy fallon　#adam scott　#jimmy fallon
#television　#celebs　#lol　#interview

2 months ago > stupidfuckingquestions　♥ 2230　∞　＋ Share

　　吉米 · 法倫的 Tumblr 微網誌充滿轉貼內容，這些內容都是粉絲用他的節目截圖所做的 GIF 動畫。法倫的網誌是在 Tumblr 上講故事的典範，貼文主角都是他訪談的對象或戲劇演員搭檔〔例如艾米 · 波勒（Amy Poehler）和蕾塔 · 瑟立夫（Retta Sirleaf）〕，他們誇張的面部表情和搞笑台詞的娛樂效果十足。以這則微故事為例，法倫用了兩張 GIF 動畫圖，做為吸引大家吸食強力毒品的誘餌，引誘大家點擊連結到 Youtube 上面看他和亞當 · 史考特完整的對談。這則貼文各方面都很成功：

> **利用粉絲創作的內容？** 有

> **特別點明創作的粉絲，讓其他 Tumblr 用戶可以找到她？** 有

> **廣為流傳？** 任何年屆四十，或身邊有年屆四十的朋友的 Tumblr 追隨者，都會想分享這則動態。超過兩千人關注這則動態，算一算它被按了幾次讚或有幾個人轉發，就可以想像追隨者們肯定真的分享了。

AMAZON MP3
亞馬遜數位音樂下載 ────────── 單刀直入

負擔得起的奢華：賈斯汀・提姆布萊克《傲視天下》（*The 20/20 Experience*）
星期一以前買只要$7.99

　　我愛這記右鉤拳，光是它的存在就讓我開心。亞馬遜 MP3 商店雖然冠上亞馬遜的名號，卻沒有享受到母公司的高品牌知名度，所以它的銷量排名和一般零售商其實相去不遠。很多人問我，零售商要如何在社群媒體上行銷，這就是一個很好的範例。

簡單估算一下就會發現 Tumblr 上很多黑白照片，這點還滿有意思的。不過亞馬遜 MP3 顯然是想推銷賈斯汀‧提姆布萊克（Justin Timberlake）的專輯，專輯封面原本就是黑白的，所以會用黑白照也許只是巧合，但無論如何，這個團隊都懂得善用這張吸睛、戲劇化的圖片。

> **圖說活潑創新**：圖說讓觀眾覺得新鮮，把專輯變得活潑，只用了「負擔得起的奢華」這幾個字，就讓人覺得這張唱片物超所值。連結把觀眾直接引導到產品和商店，不需要再找網頁。最後，價格就寫在圖說中──星期一以前售價 7.99 美元，不害羞扭捏，一臉準備好叫人下單的氣勢。

> **這則微故事體現本書傳達的核心訊息**：如果你刺拳技巧高超，持續試探，用幽默小品、娛樂資訊、即時新聞帶給客人價值，當你大聲說「現在就買吧！」或「買這個！」聽起來就不會太霸道、像個大聲叫賣的人。成功的刺拳為你換取單刀直入、揮出致勝右鉤拳的權利。

WWF
世界自然基金會 ———————— 白白浪費好資源

© WWF-Canon / Simon Rawles

你只需要上傳一張新照片到 Flickr。http://bit.ly/PEoiEU

　　當年世界自然基金會（World Wildlife Fund）逼迫簡稱和他們同為 WWF 的世界摔角聯盟（World Wrestling Federation）改名為世界摔角娛樂（World Wrestling Entertainment），

害我心痛得不得了。這次批評他們算是我小小的復仇，讓我忍不住竊喜。

　　世界自然基金會的部落格上放置很多精美照片，這張男人把男孩抱在腿上的圖像也是其一。然而，世界自然基金會卻沒能讓讀者對它留下印象。該基金會支持的議題並不算無趣，但是他們的 Tumblr 部落格卻像個空蕩蕩的沙盒一樣，了無新意。這則貼文沒有吸引人的故事，不會讓人對照片中的人物產生好奇，也沒有明顯的行動呼籲。

> **生硬無聊的內文：**「你只需要上傳一張新照片到 Flickr。」然後呢？然後，當我們點擊連結連到 Flickr 頁面，映入眼簾的卻是一堆無聊的內容，一看就是從資料庫複製貼上的，完全沒有故事性。

> **極弱的行動呼籲：**想多了解這張照片，我們得連到世界自然基金會的 Flickr 頁面。照片主角是一名婆羅洲的社區領袖和他五歲的兒子，世界自然基金會指出這個社區正參與西庫台計畫（Kutai Barat），計畫目標是「協助馬哈坎河沿岸的社區保有土地和生存技能」。接著，你會發現 Flickr 上唯一的連結是連往世界自然基金會的官網，而不是西庫台計畫的相關網站。

　　世界自然基金會滿手的資源，讓它有能力在 Tumblr 上編織好故事，但它卻完全沒發揮潛能，白白浪費了這些資源。

DENNY'S
丹尼斯鬆餅 ———————— 美味行動

丹尼斯鬆餅在 Tumblr 上有不少佳作，這則是其中之一。

> **超棒的 GIF**：他們懂得利用 GIF 動畫的優點。動畫中的叉子不斷挖起一塊還在冒煙的鬆餅，糖漿則從一旁緩緩滴落。

> **超棒的連結**：看看這則動態，把目光移開 GIF 動畫，你會看到四個超大連結，連到公司的 Twitter 動態消息、Facebook 專頁、Tumblr 檔案和公司網站，你不可能忽略這些連結。

> **超棒的文案**：文案借用饒舌歌手 YC 的超夯新歌 Racks，把層層鈔票改成層層鬆餅（譯註：Racks 是饒舌歌手 YC 於 2011 年推出的新歌，引起潮流，歌詞中不斷複誦的「racks on racks」是美國俚語，指一把把的鈔票層層相疊，意即超級富有），顯示這個品牌雖然傳統上是給家人和退休的人去的，但它也知道要怎麼和千禧年後出生的孩子對話。這則貼文實在太棒了，它好到連在 Tumblr 上有廣大追隨者的網友辛內瑟基（Synecdoche，以紐約為基地的作家）都被吸引，轉貼到自己的頁面與粉絲分享。辛內瑟基通常站在企業的對立面，替大眾發聲，連她都誇獎丹尼斯鬆餅，代表丹尼斯鬆餅符合大眾的胃口。這樣的口碑影響力大到可以讓一車車愛饒舌的 Tumblr 用戶，開進丹尼斯鬆餅的停車場。

TARGET
百貨 ——————— 正中紅心

　　Target 百貨的 Tumblr 部落格，名為「就是現在」（On the Dot），名稱取得巧妙。發布在部落格上的這則動態語調完美、故事客製化，是一記致勝右鉤拳。它展示洋裝，特別是背後有鑰匙孔的傘襬款式，GIF 動畫在 3.7 秒內，讓我們看完各種款式，包括黑色洋裝附上細緻鉚釘領口、黑白條紋、亮色碎花、綠松色配白色圓點，同時用動畫展示洋裝擺盪時的飄逸效果。

> 版面乾淨：GIF 動畫在一片空白中顯得突出，配上少許典雅的黑色文字。

> 直接的行動呼籲：除了點點裝限店內購買外，動畫下方附上三個連結，讓你直接到 Target 網站購買你想要的款式。主題標籤也選得很好。

　　Target 的人很清楚自己在做什麼。

the dress
An updated classic that loves to twirl.

傘狀洋裝附背後鑰匙孔
適合旋轉
馬上買： 碎花　鉚釘　黑白色　點點裝 限店內購買

TAGS:
SPRING / XHILARATION / POLKA DOT / FLORAL / STUD / BLACK / WHITE /
DRESS / SLEEVELESS / TARGET / FASHION / STYLE / TARGET STYLE /
ON THE DOT

GQ
《瀟灑》雜誌 ——————— 展現狂人般的 Tumblr 技巧

APRIL 7TH, 2013

廣告狂人節快樂！

2,153 NOTES · 0 COMMENTS   TELEVISION, JOHN SLATTERY, JON HAMM, DON DRAPER, MAD MEN

為了慶祝《廣告狂人》（*Mad Men*）歷史劇第六季首演，*GQ* 在 Tumblr 上大聲宣告「廣告狂人節快樂！」附上許多劇中演員參加雞尾酒會的照片。以下是他們獲得超過兩千人關注的祕訣：

> **關心流行文化**：數百萬人屏息以待，等著看他們最愛的中世紀廣告策畫員回鍋。*GQ* 巧妙利用《廣告狂人》的粉絲們對節目的熱情，轉為自家品牌資產。

> **聰明的連結**：不只是照片下方的連結，照片本身也附有外部連結，連到一篇內容豐富的文章——「*GQ* 的《廣告狂人》手冊」。一年前，*GQ* 搶在《廣告狂人》第五季開演前夕刊登這篇文章。此處的連結提醒追隨者，要去哪裡找《廣告狂人》的深度報導。

> **恰當的標籤**：標籤是 Tumblr 文化不可或缺的一部分，在這則貼文中，*GQ* 用得很巧妙。他挑選的關鍵字包括：「電視」、「約翰・斯萊特利」（John Slattery，飾演男配角）、「喬・漢姆」（Jon Hamm，劇中主角）、「唐・德雷柏」（Don Draper，飾演主角）和「廣告狂人」。

在 Tumblr 上貼文前，請問自己：

背景主題是否經過客製化，以符合品牌形象？

GIF 動畫酷不酷？

GIF 動畫酷不酷？

GIF 動畫酷不酷？

ROUND 8

其他充滿機會的新興社群網站

每一年，世界都變得小一點，社交活動變得多一些，人與人之間的連結更加緊密。創造能即時分享經驗、想法和構想的內容，已經成為二十一世紀生活中不可分割的一部分，緊密程度高到我們如果「不」分享或與人聯繫，還得特別宣告。這就是為什麼除了既有機會外，我們也應該考慮在還未成熟的社群網站上，使出刺拳和右鉤拳的潛在機會。現代人愈來愈在乎平台的社交性，用戶最後一定會改造這些平台，或是要求開發者做出調整，將社交性提高到大家的預期，因此任何還無法帶給用戶社交經驗的平台，很快就會做出調整，只是時間早晚而已。

LinkedIn

- 創立於 2003 年 5 月
- 兩億名會員 [1]
- 每一秒有兩個新成員加入 [2]
- 超過兩百八十萬家公司有 LinkedIn 專頁 [3]
- 2012 年《財星》五百大企業的執行長全部都有 LinkedIn 帳號 [4]
- 學生和大學畢業生是在 LinkedIn 上迅速成長的族群 [5]

我預測在未來兩年內，登入 LinkedIn 會像登入 Facebook 一樣，變成生活中的固定行程。每一個社群媒體都在我們的生活中扮演一個特殊的角色，就像英國古裝電視劇中，虛構的「唐頓莊園」（Downton Abbey）裡華美的房間一樣，各有其用途。

Facebook 是我們的飯廳，大家互相認識、共同娛樂；LinkedIn 則是我們的圖書館、討論的場所。

LinkedIn 正在努力吸引大家增加內容，讓它從一般的社交工具演進成專業人士的集散地。LinkedIn 模仿 Facebook 設計功能，例如讓用戶和自己的社交圈分享文章、心得和工作成果。LinkedIn 也推出影響者平台（LinkedIn Influencers），讓領導者針對自己的專業發文。LinkedIn 的規模還不大，距離霸主位置還有很長一段路要走，但是它有一個優勢：身為完全以商業為中心的網站，LinkedIn 可說是為 B2B 產業行銷人員量身打造的平台，而這群行銷人員到目前為止，還沒有使用 Facebook 的強烈動機。LinkedIn 是個有趣的平台，現在平台上的資訊還不多，不會相互爭粉絲，特別適合辦公室用品供應商或律師說故事。但 LinkedIn 不只是替 B2B 公司服務，它也是所有企業和品牌使出刺拳的地方，只要想想看 LinkedIn 上的觀眾消費力有多高，你就會更有經營的動力。雖然 LinkedIn 目前的重要性還不高，你不需要像在其他平台上一樣迅速的貼文，但還是先卡位比較好。

LinkedIn 對貼文長度的接受度較高，你可以自由地貼長篇幅的文章。試想大家上 LinkedIn 的目的是什麼？他們想要資訊、想找工作、需要門路、想要遇到在專業領域中想法接近的人。你得找到有創意又聰明的方法，讓抱持著這些想法的觀眾覺得你不可或缺。你有很多種選擇，可以表現得嚴肅、有想法，不特別絢麗奪目；可以避開 OMG（我的天）或 LOL（放聲大笑）等網路用語，但依然在這個嚴肅的場合中，加上一些率真。為平台量身訂做的內容是讓你的品牌在 LinkedIn 上受歡迎的關鍵，貼文要和你提供給其他社群媒體粉絲的內容不同，帶給 LinkedIn 用戶在其他社群網站上無法獲得的價值。

Google+

- 創立於 2011 年 6 月
- 五億名用戶

    Google+ 未來是否能成為主流行銷平台，還是個未知數。目前，Google+ 的發展程度大概等同於 2006 或 2007 年、剛起步的 Twitter。隱藏在社交平台後、網頁版的搜尋引擎最佳化是它的賣點。Google 特別偏好自家產品，所以擁有 Google+ 帳號會影響你在搜尋引擎上的排名，但即便是如此，目前也只有科技先鋒在使用 Google+ 而已，這群人正是當年最早上 Twitter 的原班人馬。Google+ 的成長速度沒有 Twitter 快，因為現在的選擇比 Twitter 草創初期多太多了，大部分的人就是對 Google+ 這個單一產品興趣缺缺，因為它提供的功能和 Facebook 如出一轍。

    然而，數據卻沒有反映實況。Google+ 把五億用戶當成粉絲基數穩定增加的證明，但這個數字是經過膨脹的，就像比佛利山莊裡，主婦們講出來的浮誇語句，因為 Google 要求所有使用它家產品（如 Youtube）的人，註冊 Google+ 帳號。仔細觀察就會發現，Google+ 帳戶幾乎都是靜止的，帳戶數會增加完全是靠 Google 其他產品的規模和力量。

    但如果我的預測正確，Google 眼鏡真的在未來五年內掀起風潮，那 Google+ 就有機會跟 Facebook 競爭消費者的心了。原因在於 Facebook 和其他社群媒體平台都拚命在配合行動裝置做調整，但可以想見，Google 眼鏡一推出，就會取代行動裝置，它讓用戶記錄所見所聞，並且隨時更新；把地圖直接擺在用戶眼前、依據指示顯示 Google 搜尋結果，全程聲控，不需要動手。有了這種科技產品，誰還需要手機？

未來有兩種可能的走向。第一，Facebook 開發出行動應用程式，讓用戶可以看到朋友在 Google 眼鏡上瀏覽的動態消息，如此一來，Google 眼鏡就會利用 Facebook 的規模增加自己的用戶基數。第二，Google 把產品設計成封閉式的社群，強迫所有想用 Google 眼鏡瀏覽內容的人用 Google+ 帳戶登入。如果 Google 眼鏡成功滿足大眾的想像，而登入 Google+ 又是使用 Google 眼鏡的先決條件，用戶就會花更多時間經營現在幾乎停擺的帳號。現在 Google 不斷讓 Google+ 更融入其他人們喜愛的既有服務和裝置，例如搜尋引擎、Gmail、Youtube 和 Android 裝置，等到 Google 眼鏡真的問世，Google 勢必會旗開得勝。不過屆時，行銷人員倒不用絞盡腦汁重新規劃內容策略，因為 Google+ 跟 Facebook 非常相似。

Vine

- 創立於 2013 年 1 月
- 2013 年 6 月時，Vine 吸收了一千三百萬個用戶[6]
- 創辦後隔週，Twitter 上有一半的影音來自 Vine[7]
- 每六秒就有五支 Vine 的影片被分享到 Twitter 上[8]

　　雖然我們經常為了行銷平台的種種限制感到氣惱，但限制的威力其實十分強大，經常激發更有創意的說故事方式。這就是為什麼我們應該關注 Vine ——這個 Twitter 最近剛併購、引起軒然大波的六秒循環影音平台。等到這本書出版，我們就會知道這些限制激發出多少驚人、有力的故事。目前很多潛在觀眾會跳過影片，因為他們不確定這支影片會花掉他們十秒鐘還是十分鐘（如果包含前置廣告的時間還會更久）。六秒鐘的限制會鼓勵更多人看 Vine 的影片，對於擁有相關技能的行銷人員而言，這是一個大顯身手的好機會。

坦白說，我對 Vine 十分著迷，我認為保證在六秒內完結的影片，會把 Vine 推升為行銷世界裡的主流平台。對行銷人員而言，這是個完美的產品——提供足夠的變化，滿足不斷追尋下一次多巴胺刺激的瀏覽者；影片夠短也讓那些有時間壓力的消費者，願意回來一看再看。有位爸爸跟我說，Vine 對他十五歲的女兒造成困擾，害她熬夜到三點還不睡，猛看 Vine 的影片，當爸爸問她原因，她說自己不是故意的，原本想關了，但又看到一支新的影片，心想：「好吧！再看一支——反正才六秒。」

品牌和企業應該要把探索 Vine 當成第一要務，如同 Instagram 和 Facebook，這些平台草創時期的用戶會以年輕族群為主，吸引十八到二十一歲的年輕人加入。然而，在二十四到三十六個月內，那個族群會大幅擴展，屆時企業就必須加入戰場。這個平台對 Youtube 的影響，和 Twitter 對 Facebook 的影響差不多，較長的影片比較適合在 Youtube 上播放，這些影片不會消失，但 Vine 會成為另一個影音平台的選擇，和 Twitter 融合又讓它更吸引人。動力還不夠嗎？想想看：2013 年 3 月時，消費者分享各品牌 Vine 影音的次數，是網路影音的四倍。[9]

這個平台還不夠成熟，我沒辦法告訴你該怎麼利用它，我能做的只有督促你關注影片編輯技巧。編輯和剪接讓全長電影變得有節奏感和懸疑性，要在 Vine 上說故事，編輯和剪接也至關重要，很多人會對著同一個影像連續拍攝六秒，作品十分無趣，千萬別犯這種錯誤。

在不久的將來，這個平台可能會經歷一到兩個大改變，而我和你們一樣會使盡吃奶的力氣弄懂要如何隨著它的演進，讓這個驚人的平台發揮最大效用。我目前正在嘗試集結世上最好的 Vine 用戶，創立新的機構，等這本書出版後，你可以來看看我成功了沒有。

Snapchat

- 創立於 2011 年 9 月
- 在 2013 年 2 月，每天有六千萬則「短信」（snap）發出
- 我的 Snapchat 名稱是 GaryVayner

Snapchat 成立於 2011 年，他提供的服務讓用戶可以發出在數秒內會自動消失的照片和影片，因此很快就被貼上「情色短信平台」的負面標籤。然而很多人會詫異地發現，比起情色照片，其實人們更常用它來流傳視覺型的梗和笑話。Snapchat 的設立，是為了滿足那些隨時都在追求新鮮感、連一分鐘都閒不下來的人，還有發文成癮者。在 Snapchat 上，「我分享，故我在」。以前網路的運作是依照 90-9-1 原則，一般而言，90% 的網路用戶是在瀏覽內容，由 9% 的人編輯內容，只有 1% 的人真正創造內容，現在像 Snapchat 這樣的應用程式即將改變這個原則，讓比例較接近 75-20-5。Snapchat 不適合分享有深度的內容，也不是要製造永恆流傳的珍藏，或是讓未來的人拿來做個案分析，人們上 Snapchat 只是想喘口氣，在快速娛樂自己之後，繼續努力。試想如果某個品牌或企業很擅長用刺拳為我們創造放聲大笑的瞬間、幫助我們度過漫漫長日，那樣的行銷力道有多大？在這個平台上，你的內容也會比在其他平台獲得更多的關注，因為用戶知道你的內文在幾秒內會消失，因此會盡可能確保自己沒有錯過任何一則貼文。

一如往常，這個新平台被貶為低價值的平台，有人說，沒用、沒有人會把它用在重要的事物上、它沒有價值。這些話我們都曾聽過，Snapchat 的實際價值引發的論辯，就像不久前大家為 Twitter 和 Facebook 的價值辯論一樣。然而，眼見 Snapchat 上每天流傳六千萬則圖片，[10] 顯然已經有人看到它的價值，而隨著平台漸趨成熟，這個價值只會不斷增加。

目前這些平台提供的右鉤拳機會有限，但這只是現階段，並非永遠。總有人會想到要怎麼利用它，或許是我，也可能是別人，既然如此，何不讓自己成為那個人呢？

ROUND 9

全力以赴

內容很重要，情境是王道，再加上努力，三者相結合，就構成了在 Facebook、Twitter 和其他平台以及各商業領域中勝出的金三角。沒有密集、持久、全神貫注、每週七天、一天二十四小時的努力，就算是把最好的社群媒體微故事放在最恰當的情境中，也會像拳王詹姆士 · 道格拉斯（James "Buster" Douglas）一樣，在 1990 年與「正拳」依凡德 · 何利菲德（Evander "the Real Deal" Holyfield）對戰終了前，被無情地摔倒在地。

⌄

本來以為可以拍成電影《洛基》（Rocky）續集〔譯註：1976 年的電影，由席維斯 · 史特龍（Sylvester Stallone）編劇及主演，是個典型美國夢的故事，講述沒沒無名的拳手洛基 · 巴波亞（Rocky Balboa）獲得與重量級拳王阿波羅 · 克里德（Apollo Creed）爭奪拳王的機會〕，卻演成一齣悲劇。在道格拉斯和何利菲德對戰前九個月，道格拉斯出奇地擊敗了當時所向披靡的重量級冠軍「鐵拳」泰森（"Iron" Mike Tyson），因而享有全球重量級拳擊冠軍的頭銜，那次勝利對十五歲的我而言是很大的打擊，沒騙你，我懊惱到蹺一整天的課，在床上躲了一整天。

當時泰森已經蟬聯十次冠軍，被認為是世界上，甚至史上最強的拳擊手，反觀道格拉斯，過去的紀錄證明他是個不值得信賴的拳擊手，力道經常過大。大家一面倒地支持泰森，沒有人想過道格拉斯會勝出，甚至只有一家賭場願意為這場比賽開賭盤，多數人只是等著看泰森要花多久才能把道格拉斯給擊敗。

然而，道格拉斯做了一件沒人想到的事——他發狂似地受訓。媽媽猝逝是他發狂的部分原因，他表示：「我知道媽媽正在某個地方說：『那是我的孩子，他做得到！』我覺得如果自己不盡力、沒有發揮實力，媽媽往天堂的路就會走得很艱辛，我不想要這樣的事情發生。」[1]但還有一個原因是他之前就曾見過泰森，不覺得泰森特別強，也不認為泰森像大家說的一樣是摺不倒的怪物，他想證明這一點。在他與泰森在拳擊場上對戰前，道格拉斯已經把臥推磅數從一百八十磅加倍到四百磅、瘦了超過三十磅，也看過無數泰森出賽的影片。他研究泰森的技巧、分析他的弱點，並在他的經理和訓練人員的協助下，構思出擊敗泰森的策略。

道格拉斯的努力有了回報，雖然在上場前才因為感冒而躺了二十四小時，但他還是用一系列強力、自信的刺拳猛擊泰森，直到泰森的眼睛腫到幾乎張不開，得靠外圍繩索支撐才能站直身子。道格拉斯讓職涯一路順遂的泰森吞下第一敗。

努力可以彌補你的不足。這年頭，努力的重要性比過去都高。哪怕競爭者是你的三倍大，像大卡車一樣的銅牆鐵壁；哪怕他的行銷經費等同於中型國家的國內生產毛額（GDP），或是有幾百名員工，你卻隻身一人縮在掃除櫃裡，工具只有兩台筆電、一台 iPad 和一支手機，真正重要的還是你為工作注入的努力。社群媒體提供了接觸市場的管道，也給了創新、有毅力、敏捷的新創公司面對企業巨獸時的優勢。然而，現在大公司就算百般不願意，也終於開始投資像 Facebook 這樣的社群媒體平台，因此，新創事業再也沒有過去那樣明顯的優勢，小貓兩三隻就是沒有辦法像大公司的二十人團隊一樣，瞬間在各個地方建立社群。然而，他們還是可以靠努力贏得勝利，經費大小與和顧客互動時的努力、用心和真誠無關，當你比任何人都努力維持溝通品質和建立社群，即使你無法同時出現在所有平台也無所謂。

當你在 Facebook 上揮出絕佳的刺拳和右鉤拳，人們就會留言，而行銷人員只要竭盡所能、有創意又真誠地參與這些討論串，就能比對手建立更大規模的關係網。記得標註（tag）想要談話的對象，才能確定他們會看到你的回覆，並把他們帶回你的頁面與你對話。或許有人對黑色星期五的拍賣時間不清楚，或是不確定是否每家分店都會舉辦拍賣會，回到留言串中解除這些疑惑，就能增強右鉤拳的效果，也讓你和客人之間的連結更穩固。大公司可以比別人參與更多對話，但對話次數多少不是重點，好的對話品質才會提升客戶和品牌的關係。對話的時候，要表現得討喜、有趣，表示你在乎。人們喜歡吸收新資訊，喜歡有娛樂性的內容，但這些東西他們隨處可得，要建立扎實的連結和忠誠度，就要讓他們相信你不只把他們當成一般顧客，也關心他們的個別需求。人們經常會因為某個品牌費心娛樂他們而感到詫異，從他們的反應就可以知道這種事情很少發生，而這就是你——不管是新創公司或大公司——可以讓人驚豔的地方。

有一點一定要謹記在心，就是你正在打一場永遠不會完結的拳擊賽。技巧高超的品牌，經常用刺拳和右鉤拳說故事，到最後確實能夠累積足夠的品牌資產，讓他們不需要像新創公司或是正努力修補形象的公司一樣瘋狂投入，但這都只是相對而已，就算減少 20% 的投入，還是比多數行銷人員目前的平均投入多。你不能仗著已經得到桂冠就發懶，必須要持續努力，不然就會像道格拉斯一樣在十分鐘內被擊垮。（準確地說，他在七分四十五秒內就被打敗。）

道格拉斯創造了一段小人物變英雄的故事，卻在他成功打敗麥克．泰森後的九個月，急轉直下，令人失望。他在二月份離開拳擊場時，以新重量級世界拳王之姿，達到人生的頂峰，接下來的幾個月，他都花在媒體宣傳，上大衛．萊特曼（David Latterman）的脫口秀、為《運動畫刊》（*Sports Illustrated*）拍攝封面、發簽名照和

享受名聲。同一時間,他仍未走出失去母親的悲痛,他也承認自己因為和唐金(Don King)爭執而感到壓力大又沮喪。[2] 唐金是拳擊賽承辦人,頂著一顆爆炸頭,他一直試圖推翻道格拉斯對戰泰森的結果。道格拉斯沒有回到訓練場上,用對戰泰森前的密集訓練準備下一場比賽,當他再回到拳擊場上,和依凡德・何利菲德進行對戰前的秤重時,看起來像是吃光了全世界的起司漢堡一樣臃腫。

　　1990 年 11 月 9 日,道格拉斯對戰何利菲德,他們看起來實力並不懸殊,就連播報員或許都有點詫異地評論道,這兩個人的體積差不了多少,他沒提到他們的身形差異,但拳擊手一脫下外袍就立見高下。何利菲德的斜方肌極度緊實,頂著頭顱的軀幹曲線完美,呈現肌肉感十足的倒三角,他寬廣的肩膀和胸膛就像一尊美麗的大理石雕像。反觀道格拉斯,當他趾氣高昂地走向另一隅,他閃亮的白色短褲上方,一圈腰際肥肉輕輕搖晃,當他踮起腳尖迅速上下擺動,他的胸肌在晃動,雙乳像小海綿一樣卜亞。比賽開始後,就像在看鬥牛對戰鬥牛犬,道格拉斯在第四回合就被擊倒了。

　　許多人都知道努力很重要,但實際上,努力的重要程度比大家想的還要高出許多。

ROUND 10

所有公司都是媒體公司

前九個章節都在強調社群行銷的關鍵是「微故事」，事實上，你的內容和故事愈短愈好。但當我放眼未來，我看到微故事的「陽」、背後的「陰」，畢竟，長篇幅內容還沒有消失，依然以各種形式存在，例如 Youtube 影片、雜誌文章、電視節目、電影和書籍，它還是會持續吸引廣大客群。然而，隨著品牌不斷把過去散布內容的傳統管道向外推展，公司發現他們愈來愈不需要租借媒體，可以直接擁有媒體，並且隨時再出售，種種趨勢讓品牌開始懷疑他們為什麼還要跟不同的媒體公司打交道？何不直接變成自己的媒體？這個想法並不瘋狂。輪胎公司當美食評論家這件事情，一點邏輯都沒有，但是一百年前，米其林輪胎（Michelin）開始評論鄉村餐廳，鼓勵都市人開車開遠一點，多磨損幾顆輪胎。健力士釀酒公司（Guinness）創造了《金氏世界紀錄大全》（*Guinness Book of World Records*）增加品牌知名度，為大家製造夜店話題。同樣的道理，我推測未來有一天，像耐吉這樣的品牌，可以推出自己的運動節目，並且成功跟 ESPN 體育台競爭；美鐵可以發行出版物，跟《悅旅》（*Travel + Leisure*）並駕齊驅；像 Burberry 這樣的奢華品牌，要出版一本像《羅博報告》（*Robb Report*）一樣的精品雜誌，初始成本非常低；Williams-Sonoma 美式廚具店要出版像美食雜誌 *Easter* 或男性數位生活雜誌 *Thrillist* 這類為特定族群設計的出版品，成本也很低。只要品牌保持公開透明的態度，不要讓消費者誤以為這些網站或出版品是絕對客觀的內容提供者，這就會是公司拓展品牌和內容知名度很好的管道。某種層面上而言，這就是我設立「美酒庫電視台」的目的。大家都知道我賣紅酒，但是他們相信我的產品評論，因為我很努力保持誠實、公正和真實，任何品牌都可以為自己的產品或服務做一樣的事。

　　一定會有人質疑上述的論點，特別是老一輩的朋友，但年輕、小於三十歲的行銷人，知道未來鬼扯一定會被抓包，而且他們勇於面對這樣的趨勢。他們身處在透明的時代，清楚自己別無選擇，只能用誠實和尊重來對待客戶，否則就會受到唾棄。

　　行銷的世界裡，一般公司和媒體之間不再隔著楚河漢界。品牌即將成為媒體世界的主角，看他們能激發什麼創新果實，一定很刺激！

ROUND 11

結論

讓單一平台發揮最大功效就夠費心了，現在要一口氣面對五大社群媒體，工程更是浩大。希望這本書精簡又實用，和 Tumblr 或 Pinterest 上的貼文一樣，提供一場視覺饗宴，拆解當今最受歡迎、最有趣的平台，讓大家看到它們的基本組成：文字、圖像、語調與連結力。這年頭社群媒體爆炸性地成長，行銷人員和企業主在後頭苦命追趕，想盡辦法跟上社群媒體的腳步，一想到社群媒體就心生畏懼，希望本書可以幫助他們舒緩一下情緒。

我敢說你投資在摸透各大平台的心力絕對不會白費。雖然社群媒體變化的速度忽快忽慢，但即使是變化速度和緩的時候，大部分的公司和平台用戶依然適應得很慢。這是你的機會，因為人們適應轉變的速度太慢，意味著你只要加入透析平台的先鋒部隊（永遠只有少數人會加入），就能得到顯著的商業優勢。

之前有一名 Google 分析（Google Analytics）團隊的成員告訴我，沒有人懂得善用它們的追蹤系統。Google 分析已經成立八年，時間長到足以讓行銷部門摸清它的底細，但大家卻被它的複雜和龐大嚇著了，就連最好的電子商務公司都不願意花時間跟精力去熟悉所有功能。只有少數行銷人員在上面費心，這群人很清楚，不管精通 Google 分析要花上多少心思，與它能帶來的龐大獲利相比，都顯得微不足道，他們取得的資訊成為再三擊敗對手的撒手鐗。

本書探索了許多平台，行銷人員只要認真搞懂這些平台的細節和微妙之處，就能稱霸沙場。沒有錯，我懂，Facebook 每次修改演算法和動態消息頁都令人心煩，Twitter 和 Pinterest 八成也會做一些改造和重新設計，但只要你不向這些惱人的事情低頭，持續保持警覺並且利用這些改變創造優勢的話，就能瞬間把多數行銷團隊甩在後頭。未來其他人或許會氣喘吁吁地追上來、弱化你的優勢，但靠著前兩到三年在曲線前端快速奔馳的成果，你還是會大幅超前，行銷力十足。況且話說回來，既然你都已經在標準程序曲線的最前端了，他們就算追上來又何妨？讓我借用 Jay Z 的饒舌歌〈往下個目標前進〉（On to the Next One），等到他們追上你，你已經往下一個目標前進了，很可能是在想要怎麼從手機轉到 Google 眼鏡的鏡片上說故事。屆時我大概會再寫一本新書，書名叫《四眼說故事》（Four-Eyed Storytelling）或其他類似的東西。

那是以後的事，現階段我打算等這本書上市的時候，在各個地方說故事，一有機會就揮刺拳和右鉤拳。我可能會在 Facebook 上放九秒影片，再到 Twitter 上推文，附上連到亞馬遜書店的連結。同時，你會在 Instagram 上看到這本書的書衣，在 Tumblr 上看到同張照片的 GIF 動畫──書衣耍起腳踏車特技，單角著地，上下搖晃。我還得想想看確切要怎麼做，但無論如何，我都會重複講相同的故事──關於社群媒體、商業，以及他們現在逐漸合為一體的過程。

ROUND 12

贏得比賽

在我準備繳交最終送印版本的前幾天，Instagram 推出十五秒影音服務，直接槓上 Vine。當時我人在法國坎城，一得知消息馬上以最快的速度回到旅館，花四個小時看過所有我找得到的 Instagram 影片。從那時候開始，我和范納媒體團隊，還有世界上最積極的行銷人員們，都絞盡腦汁想找出在為照片而設的平台上，用十五秒影片說故事的最佳方式。

$$\vee$$

　　這就是我們平日生活的最佳寫照。忘了《廣告狂人》，別再管唐・德雷柏（主角），他活在三十年不變的優閒世界，在那個世界裡，你一整段工作生涯只要搞懂紙本和電視行銷的運作方式就可以了，但你我所處的世界卻瞬息萬變，無時無刻不在演進。十年前，要成為成功的創業家、行銷人員或重要名人所需的技巧，數十年沒變，但現在不同了。

　　壞消息是：行銷很難，而且愈來愈難。但我們沒有時間緬懷過去，或自怨自艾，顧影自憐一點都沒有用。身為現代說書人，我們的工作就是要隨著市場實況調整，因為無論如何它都不可能為我們放慢腳步。

　　Instagram 的影音服務只是目前最新的演進，Google 眼鏡很快就會上市，我們要找到客製化的方法，在客人右眼或左眼上方、懸掛著的螢幕上說故事。在我們前進的同時，也要不斷回頭審視，到底還要透過應用程式、影片和眼鏡帶給顧客多少價

值，才能獲得回報？我們要記得一直給，最後才提出請求，並且追上平台的各種改變，這都是我們得持續面對的巨大挑戰。

迅速移往新平台的優勢一再被證實，在 Instagram 和 Pinterest 上成果突出的人，和當年成功預測 Facebook 或 Twitter 會受到歡迎的人未必相同——他們只是最早到新的平台上，並且比任何人都早弄懂這些平台。他們賭上全部的籌碼，到平台上測試、學習和觀摩。

希望你也能加入先鋒部隊，展現穆罕默德‧阿里（Muhammad Ali）和喬‧弗雷澤（Joe Frazier）在「驚悚馬尼拉」（Thrilla in Manila）中對戰時的那種凶狠與信念，在社群媒體的拳擊場中，打出自己的一片天。你或許沒聽過「驚悚馬尼拉」，讓我補充說明，它被譽為拳擊史上最精采的一場賽事，官方已經宣告阿里贏了比賽，但大家都說，當天兩名拳擊手的表現都夠力又精采，所以沒有輸家。

我喜歡贏，希望你也是！

註釋

第一回合　準備工作

1.Colin Knudson, "Smartphones, Tablets, and the Mobile Revolution," Mobile Marketer, January 29, 2013, http://www.mobilemarketer.com/cms/opinion/columns/14667.html.

2."Americans Get Social on Their Phones," emarketer.com, August 8, 2012, http://www.emarketer.com/Article/Americans-Social-on-Their-Phones/1009247.

3.Shayndi Raice, "Days of Wild User Growth Appear Over at Facebook," Wall Street Journal, June 11, 2012, http://online.wsj.com/article/SB10001 424052702303296604577454970244896342.html.

4.Andrew Eisner, "Is Social Media a New Addiction?," Retrevo Blog, March 15, 2010, http://www.retrevo.com/content/ node/1324.

5.Jack Loechner, "Booming Boomers," Media- Post.com, August 21, 2012, http://www.mediapost.com/publications/article/181095/booming--boomers.html#axzz2XtXe5SNi.

6.Melissa DeCesare, "Moms and Media 2012: The Connected Mom," Edison Research, May 8, 2012, http://www.edisonresearch.com/home/archives/2012/05/moms-and-media-2012-the--connected-mom.php.

7. 各平台達到五千萬名用戶所需的時間──廣播：United Nations Cyber Schoolbus, n.d., http://www.un.org/cyberschoolbus/briefing/technology/tech.pdf.；電 話：International Telecommunication Union, "Challenges for the Network: Internet for Development," Executive Summary, October 1999, http://www.itu.int/itudoc/itu-d/indicato/59187.pdf；電 視：United Nations Cyber Schoolbus, n.d., http://www.un.org/cyberschoolbus/briefing/technology/tech.pdf.；網路：同上；臉書：newsroom.facebook.com.；Instagram：Chris Taylor, "Instagram Passes 50 Million Users, Adds 5 Million a Week," Mashable.com, April 30, 2012. http://mashable.com/2012/04/30/instagram-50-million-users.

8.Kathryn Koegel, "Branding and Interactive Spending: Are We There Yet?" Advertising Age, October 29, 2012,http://adage.com/article/digital/branding-interactive-spending/238004/?utm_source=digital_email&utm_medium=newsletter&utm_campaign=adage.

第三回合　在 Facebook 説精采故事

1.Sid Yadav, "Facebook, The Complete Biography," Mashable.com, August 25, 2006, http://mashable.com/2006/08/25/facebook-profile.

2.Mike Snider, "iPods Knock Over Beer Mugs," USAToday.com, June 7, 2006, http://usatoday30.usatoday.com/tech/news/2006-06-07-ipod-tops-beer_x.htm.

3.Matt Lynley, "28 Crazy Facts You Didn't Know About Facebook," BusinessInsider.com, May 17, 2012, http://www.businessinsider.com/28-crazy-facts-you-didnt-know-about-facebook-2012-5?op=1.

4. 同上。

5.Facebook Newsroom. Facebook.com. http://newsroom.fb.com/Key-Facts

6. 同上。

7.Matt Tatham, "15 Stats About Facebook," Experian.com, May 16, 2012, http://www.experian.com/blogs/ marketing-forward/2012/05/16/15-stats-about-facebook.

第四回合　在 Twitter 留意傾聽
1.Tom Pick, "102 Compelling Social Media and Online Marketing Stats and Facts for 2012 (and 2013)," Business2Community, January 2, 2013,http://www.business2community.com/social-media/102-compelling-social-media-and-online-marketing-stats-and-facts-for 2012-and-2013-0367234.
2.Eli Langer, "7 Things You Didn't Know About Twitter," BusinessInsider.com, March 17, 2013, http://www.businessinsider.com/7-things-you-didnt-know-about-twitter-2013-3.
3. 同上。
4.Andrew Moore, "A Conversations with Twitter Co-Founder Jack Dorsey," *Daily Anchor*, n.d., http://www.thedailyanchor.com/2009/02/12/a-conversation-with--twitter-co-founder-jack-dorsey.
5.Danny Brown, "52 Cool Facts and Stats About Social Media (2012 Edition)," Ragan's PR Daily, June 8, 2012, http://www.prdaily.com/Main/Artl- cles/52_cool_facts_and_stats_about_social_media_2012_ed_11846.aspx#.

第五回合　在 Pinterest 妝點你的收藏
1.Craig Smith, "(June 2013) How Many People Use the Top Social Media, Apps, and Services?," Digital Marketing Ramblings, June 23, 2013, http://ex-pandedramblings.com/index.php/resource-how-many-people-use-the-top-social-media.
2.Greg Finn, "Pinning the Competition: Pinterest's Four-Digit Growth is Tops in 2012," Marketing Land, December 4, 2012. http://marketingland.com/pinning-the-competition-pinterests-four-digit-growth-is-tops-of-2012-27769.
3. "Pinning = Winning: The Infographic," Modea, February 25, 2012, http://www.modea.com/blog/pinterest-infographic.
4.Craig Smith, "Jabra Creates Contest to Find the Most Pinteresting Mom," Pinterest Insider, May 8, 2013, http://www.pinterestinsider.com.
5.Craig Kanalley, "Pinterest May Be Bigger Than You Think, Competing to be the 2nd Most Popular Social Network," *Huffington Post*, February 15, 2013, http://www.huffingtonpost.com/craig-kanalley/pinterest-competing-twitter_b_2697791.html.
6.Alyson Shontell, "Meet Ben Silberman, the Brilliant Young Co-Founder of Pinterest," Business Insider, May 13, 2012, http://www.businessin- sider.com/pinterest–2012–3.
7.Sarah McBride, "Startup Pinterest Wins New Funding, $2.5 Billion Valuation," Reuters, February 20, 2013, http://www.reuters.com/article/2013/02/21/net-us-funding-pinterest-idUSBRE91K01R20130221.
8.Maeve Duggan and Joanna Brenner, "The Demographics of Social Media Users, 2012," Pew Internet, February 14, 2013, http://pewinter-net.org/Reports/2013/Social-media-users/The-State-of-Social-Media-

Users/Over-view.aspx.

9.Pinterest, http://about.pinterest.com/copyright.

10. "Pinterest Users Nearly Twice as Likely to Purchase than Facebook Users, Steelhouse Survey Shows," Steelhouse press release, Steelhouse. com, May 30, 2012, http://www.steelhouse.com/press-center/pinterest-users-nearly-twice-as-likely-to-purchase-than-facebook-users-steelhouse-survey-shows.

11. "Advertising on Pinterest: A How-To Guide," Prestige Marketing, May 4, 2013, http://prestigemarketing.ca/blog/advertising-on-pinterest-a-how-to-guide-infographic.

12.James Martin, "12 Things You Should Know About Pinterest," Life Reimagined for Work, January 23, 2013, http://workreimagined.aarp.org/2013/01/12-things-you-should-know-about-pinterest/#.UVH8nK3ERRM.email.

13.Jeffrey Zwelling, "Pinterest Drives More Revenue per Click than Facebook," Venture Beat, April 9, 2012, http://venturebeat.com/2012/04/09/pinterest-drives-more-revenue-per-click-than-twitter-or-facebook.

14.Mark Hayes, "How Pinterest Drives Ecommerce Sales," Shopify, May 2012, http://www.shopify.com/blog/6058268-how-pinterest-drives-ecommerce-sales#axzz2SEv3Ya59.

第六回合　在 Instagram 創造動人藝術

1.Greg Finn, "Pinning the Competition: Pinterest's Four-Digit Growth Is Tops of 2012," Marketing Land, December 12, 2012, http://marketingland.com/pinning-the-competition-pinterests-four-digit-growth-is-tops-of-2012-27769; http://www.theverge.com/2013/6/20/4448904/instagram-now-has-130-million-active-monthly-users.

2. 同上。

3.Mark Ashley-Wilson, "Some Fun Facts About Instagram #Infographic," Adverblog.com, August 18, 2011, http://www.adverblog.com/2011/08/18/some-fun-facts-about-instagram-infographic.

4. 同上。

5.Kevin Systrom, "Instagram: What Is the Genesis of Instagram?," Quora.com, October 8, 2010,http://www.quora.com/Instagram/What-is-the-genesis-of-Instagram.

6.Kevin Systrom, "Photoset," Instagram, February 2013, http://blog.instagram.com/post/44078783561/100-million.

7.Katy Daniells, "Infographic: Instagram Statistics 2012," Digital-Buzz.com, May 13, 2012,http://www.digitalbuzzblog.com/infographic-instagram-stats.

第七回合　在 Tumblr 讓圖像動起來

1.Tumblr Press Information, http://www.tumblr.com/press.

第八回合　用影音部落格串聯你的品牌和人群，我的 e-mail 是 gary@vaynermedia.com，誠摯期盼你來信與我分享你看待這本書的看法及回應內容。千萬別覺得客氣「有話直說」（faster.ogg），交流激盪才對得起彼此嘛！

2.Tumblr Press Information, http://www.tumblr.com/press.

3.David Karp, "Don't Laugh at Us," Tumblr.com, May 8, 2008,http://staff.tumblr.com/post/28221734/dont-laugh-at-us.

4.Liz Welch, "David Karp, the Nonconformist Who Built Tumblr," Inc.com, June 2011, http://www.inc.com/magazine/201106/the-way-i-work-david-karp-of-tumblr_pagen_2.html.

5.Diana Cook, "Facebook's 900 million? But What About Engagement?" TheNextWeb.com, May 17, 2012, http://thenextweb.com/socialmedia/2012/05/17/sure-Facebook-has-900-million-users-but-its-engagement-is-smoked-by-these-other-sites/?Fromat=all.

6.Chris Isidore, "Yahoo Buys Tumblr in 1.1 billion deal," CNN Money.com, May 20, 2013,http://money.cnn.com/2013/05/20/technology/yahoo-buys-tumblr/index.html.

7.Tom Cheshire, "Tumbling on Success: How Tumblr's David Karp Built a L500 Million Empire," Wired.Co.UK, February 2, 2012, http://www.wired.co.uk/magazine/archive/2012/03/features/tumbling-on-success?page=all.

8. 同上。

9.Sarah Perez, "With Today's Update, Tumblr Starts to Look More like a Fully Featured Twitter than Blogging Platform," TechCrunch.com, January 24, 2013, http://techcrunch.com/2013/01/24/with-todays-update-tumblr-starts-to-look-more-like-a-fully-featured-twitter-than-blogging platform.

10.Jeff Bercovici, "Tumblr: David Karp's $800 Million Art Project," Forbes.com, January 2, 2013, http://www.forbes.com/sites/jeffbercovi-ci/2013/01/02/tumblr-david-karps–800-million-art-project.

11.Hugh Hart, "Animated GIFS Paint Breaking Bad Characters in Day Glo Pixels," Wired.com, April 12, 2012, http://www.wired.com/under-wire/2012/04/breaking-bad-gifs.

12.Mel Kramer, Fresh Air on Tumblr, April 10 2013, http://nprfreshair.tumblr.com/post/47647361814/i-was-sick-and-out-of-the-office-most-of-last-week.

第八回合　其他允滿機會的新興社群網站

1.Jacco Valkenburg, "Everything You Want to Know About LinkedIn," Global Recruiting Roundtable, January 22, 2013, http://www.globalre-cruitingroundtable.com/2013/01/22/linkedin-facts-figures–2013/?goback=.gde_52762_member_206908630#.UWcEfhnLlnY.

2. 同上。

3. 同上。

4.LinkedIn Press Center, http://press.linkedin.com/About.

5.Montpellier PR, "25 Amazing LinkedIn Stats You Can't Miss," Montpellier Public Relations, January 17, 2013, http://mont-pellierpr.wordpress.com/2013/01/17/25-amazing-linkedin-stats-you-cant-miss.

6.Jenna Wortham, "Vine, Twitter's New Video Tool, Hits 13 Million Users," *New York Times*, June 3, 2013, http://bits.blogs.nytimes.com/2013/06/03/vine-twitters-new-video-tool-hits-13-million-users.

7. "Jordan Crook, "One Week In, Vine Could Be Twice as Big as Socialcam," TechCrunch, January 31, 2013, http://techcrunch.com/2013/01/31/one-week-in-vine-could-be-twice-as-big-as-socialcam.

8.Christopher Heine, "Twitter Vines Get Shared 4X More than Online Video: Researcher Says Nascent Tool Packs Branding Punch," *AdWeek*, May 9, 2013, http://www.adweek.com/news/technology/twitter-vines-get-shared–4x-more-online-video–149340.

9. 同上。

10.Jenna Wortham, "A Growing App Lets You See It, Then You Don't," *New York Times*, February 8, 2013, http://www.nytimes.com/2013/02/09/technology/snapchat-a-growing-app-lets-you-see-it-then-you-dont.html?_r=0.

第九回合　全力以赴

1.Robert Seltzer, "Fortitude Made Douglas a Big Hit, a Change of Heart Led to Triumph in Tokyo," *Philadelphia Inquirer*, February 15, 1990.

2.Author Unknown, "Douglas Weighs In at 246 vs. Holyfield," *Daily Record*, October 25, 1990, http://news.google.com/newspapers?nid=860&dat=19901025&id=4HhUAAAAIBAJ&sjid=e48DAAAAIBA-J&pg=6802,7359288.

一擊奏效的社群行銷術：
一句話打動 1500 萬人，成功將流量轉成銷量
/ 蓋瑞 . 范納洽 (Gary Vaynerchuk) 著 ; 李立心譯 .
-- 初版 . -- 臺北市：
商周出版：家庭傳媒城邦分公司發行
, 2014.07　面 ；　公分 . -- (新商業周刊叢書 ; BW0538)
譯自 : Jab, jab, jab, right hook :
how to tell your story in a noisy social world
ISBN 978-986-272-611-2 (平裝)

1. 網路行銷 2. 網路社群

496   103010243